Gabriel Wollschläger

Die Fernerkundung als Methode zur systematischen Erfassung von Daten für eine landschaftsökologische Bestandsaufnahme und Planung

GRIN Verlag

Bibliografische Information der Deutschen Nationalbibliothek:

Die Deutsche Bibliothek verzeichnet diese Publikation in der Deutschen Nationalbibliografie; detaillierte bibliografische Daten sind im Internet über http://dnb.d-nb.de/ abrufbar.

Impressum:

Druck und Bindung: Books on Demand GmbH, Norderstedt Germany
ISBN: 978-3-640-67752-8

Dieses Buch bei GRIN:

http://www.grin.com/de/e-book/152771/die-fernerkundung-als-methode-zur-systematischen-erfassung-von-daten-fuer

U n i v e r s i t ä t   D o r t m u n d

Fakultät Raumplanung

Die Fernerkundung als Methode zur systematischen Erfassung von Daten für eine landschaftsökologische Bestandsaufnahme u. Planung

FG Systemtheorie u. Systemtechnik
Dr. Hartwig Junius, Dr. Marion Steinert

bearbeitet von Gabriel Wollschläger

November 1996

Inhalt :

Seite

Seite

Literatur : Kennziffer

Bartelme, Norbert, GIS Technologie, Berlin u.a.1989 1)

Birkner, H.-J., Fernerkundung, digitale Bildverarbeitung u. GIS, in : GIS in Forschung u. Praxis, hrsg. von Gerd Buziek, Stuttgart 1995 2)

Bundesminister für Raumordnung, Bauwesen u. Städtebau, Auswertung von Satellitenaufnahmen zur Gewinnung von Flächennutzungsdaten, Bonn 1979 3)

Dodt, Jürgen, Die Verwendung von Karten u. Luftbildern bei der Ermittlung von Altlasten (Teil 1), Düsselorf 1987 4)

Endlicher Wilfried/ Goßmann, Hermann (Hrsg.), Zur Bedeutung der Fernerkundung in der geographischen Forschung u. Lehre, in : Fernerkundung u. Raumanalyse, Karlsruhe 1986 5)

Faber,Thomas F., Die Luftbildauswertung, eine Methode zur ökologischen Analyse von Strukturveränderungen bei Fließgewässern, in : Schriftenreihe für Landschaftspflege u. Naturschutz (Heft 31), hrsg. von Bundesforschungsanstalt für Naturschutz u. Landschaftsökologie, Bonn 1989 6)

Grüneich, Dietmar, Aufbau von Geo-Informationssystemen im Umweltschutz mit Hilfe von ATKIS, in : Umweltanwendungen geographischer Informationssysteme, hrsg. von O. Günther/K.-P. Schulz/J. Seggelke, Karlsruhe 1992 7)

Hildebrandt, Gerd, Möglickeiten der Biotopkartierung durch Luftbildinterpretation, in : Fernerkundung u. Raumanalyse, hrsg. von Wilfrid Endlicher/Hermann Goßmann, Karlsruhe 1986 8)

Kellersmann, Henning, Die Flächennutzungskartierung beim Kommunalverband Ruhrgebiet, in : Karten u. Pläne im Planungsprozeß, hrsg. von Akademie für Raumforschung u. Landesplanung, Hannover 1987 9)

Kennziffer

Moll, Peter (Hrsg.), Raumbezogene Informationssysteme in der Anwendung - ein aktuelles Thema für Verwaltung u. Forschung, in : Raumbezogene Informationssysteme in der Anwendung, Bonn 1995 10)

Müller, Manfred, Entwicklung des Arten-Landschafts-Biotop-informationssystems (ALBIS) als übergreifende Komponente des Umweltinformationssystems Baden-Württemberg, in : Umwelt-anwendungen geographischer Informtionssysteme, hrsg. von O. Günther/K.-P. Schulz/J. Seggelke, Karlsruhe 1992 11)

Schmidtke, Hubertus, Erfassung u. Darstellung von Waldschaden-daten bei Folgeaufnahmen, in : Visualisierung von Umweltdaten, hrsg. von R. Denzer/R. Güttler/H.Deutsch, Marburg 1994 12)

Schneider, Sigfrid, Angewandte Fernerkundung, Hannover 1984 13)

Abkürzungen :	**Bedeutung**
ALBIS	Arten-Landschafts-Biotopinformationssystem
ALK	Automatisierte Liegenschaftskarte
ATKIS	Amtliches Topographisch-Kartographisches Informationssystem
BauNVO	Baunutzungsverordnung
bzw.	beziehungsweise
ca.	circa
CAD	Computer Aided Design
cm	Zentimeter
DBMS	Data Bank Management System
DGK 5 L	Deutsche Grundkarte 1 : 5000 Luftbildkarte
DGM	Dichte- u. Geoidmodell
d.h.	das heißt
DKM 25	Digitales Kartographisches Modell 1 : 25000
DLM 25	Digitales Landschaftsmodell 1 : 25000
EDV	Elektronische Datenverarbeitung
etc.	et cetera
ggf.	gegebenenfalls
Geo	geographisch
GIAP	graphisch-interaktiver Arbeitsplatz
GIS	Geographisches Informationssystem
i.d.R.	in der Regel
incl.	inclusive
Info	Information
IR	Infrarot
KÖH-Wert	Klimatisch-ökologisch-hygienischer Wert
L	Linienpaar
LIS	Landinformationssystem
m	Meter
max.	maximal
mm	Millimeter
MOMS	Modular Optoelectronic Multispectral Scanner
NA	Nutzungsart
nm	Nanometer(10^{-9}m)

	Bedeutung
NRW	Nordrhein-Westfalen
o.	oder
o.ä.	oder ähnlich
o.g.	oben genannt
RIS	Raumbezogenes Informationssystem
ROG	Raumordnungsgesetz
s.	siehe
Sat	Satellit
s.o.	siehe oben
sog.	sogenannt
TM	Thermatic Mapper
u.	und
u.a.	unter anderem
UFIS	Umwelt-Führungs-Informationssystem
UIS	Umweltinformationssystem
v.a.	vor allem
z.B.	zum Beispiel

1 Allgemeines zur Fernerkundung

Der Titel der vorliegenden schriftlichen Ausarbeitung erwähnt nicht nur die im folgenden ausführlich erläuterte Fernerkundung als systemtechnische Methode, sondern läßt darüberhinaus im Ansatz bereits die bei der Darstellung praktizierte Vorgehensweise erkennen. Während in den ersten beiden Kapiteln eine theoretische Annäherung an die Grundlagen des Themas erfolgen soll, d.h. konkret in Kapitel 1 die Fernerkunung mittels Luft- bzw. Satellitenbild begrifflich näher bestimmt, hinsichtlich ihrer weitreichenden Bedeutung eingeordnet sowie charakteristische Eigenschaften von Luftbildern, Luftbildkarten bzw. Satellitenaufnamen geschildert werden u. in Kapitel 2 allgemein in die Methode der Luftbildinterpretation, also die Auswertung der erfaßten Daten eingeführt wird, steht in Kapitel 3 eine ausführlichere Darstellung praktischer Anwendungsbeispiele der verschiedenen Fernerkundungsverfahren, Auswertungs- u. Dokumentationsmethoden aus den Bereichen Landschaftsplanung sowie landschaftspflegerische Maßnahmen im Vordergrund. In Kapitel 4 soll schließlich schwerpunktmäßig darauf eingegangen werden, wie mit Hilfe EDV-gestützter raumbezogener Informationssysteme auf vorteilhafte Weise eine anwenderfreundliche Zusammenfassung von Fernerkundungsdaten beispielsweise in Form von auf langfristige Nutzung ausgerichteter Datenbanken erfolgen kann.

Die Fernerkundung als vielschichtige Methode zur systematischen Erfassung von Erscheinungen u. Sachverhalten, also Daten der Erdoberfläche läßt sich nach verschiedenen Aufnahmeverfahren bei Nutzung unterschiedlicher Aufnahmetechniken differenzieren, so daß sich unter diesem Begriff eine Reihe unterschiedlicher Aufnahmeprodukte subsumieren lassen. So wird je nach verwendetem Sensorensystem bei Aufnahmen mit einer Kamera bzw. Meßkammer von photograpischen u. bei Einsatz von Scannern/Abtastern bzw. Radarsystemen von nichtphotographischen Abbildungen gesprochen. Zudem werden verschiedene für derartige Aufnahmen genutzte Spektralbereiche (abhängig von Emulsionsschichten des Filmmaterials bzw. den spektralen Aufnahmekanälen bei Scannern), so der Ausschnitte innerhalb der Wellenbereiche des Sichtbaren Lichts, des photographischen bzw. Nahen Infrarots, der Wärmestrahlen o. Mikrowellen unterschieden u. in diesem Zusammenhang eine Einteilung in monospektrale sowie multispektrale Aufnahmen vorgenommen; im photographischen Bereich i.d.R. in panchromatische u. Infrarotaufnahmen bzw. Farb- u. Infrarotfarbphotos, im nichtphotographischen Bereich ist eine solche Abgrenzung jedoch nicht möglich, weil vielfach auch bei Erstellung von Auszügen in schwarzweiß mehrere Spektralkanäle genutzt werden. Als Sensorenträger kommen i.d.R. Flugzeuge u. Satelliten in Betracht, wobei Satellitenaufnahmen wegen ihrer häufig geringen Bodenauflösung für die in Kapitel 3 näher konkretisierten landschaftsökologischen Zwecke im allgemeinen weniger geeignet sind. So beschränken sich die Ausführungen zur Fernerkundung in dieser Ausarbeitung in erster Linie aud diejenigen Verfahren, mit denen sich die sog. konventionellen Luftbilder erstellen lassen. Luftbilder in diesem Sinne lassen sich entsprechend der Fachterminologie als von einem Flugzeug aus mittels Kamera bzw. Meßkammer aufgenommene photographische Abbildungen eines Geländeausschnitts auf panchromatischem Schwarzweißfilm, Infrarotfilm, Farb- o. Infrarotfarbfilm bzw. als verkleinerte u. verebnete Darstellungen von Teilen der Erdoberfläche definieren. 4)

Während beim Luftbild mittels Meßkammer der Film als Infoträger fungiert (analoge Datenerfassung), werden bei Satellitenaufnahmen die mittels spezieller Detektoren (i.d.R. multispektrale Zeilenabtaster/ Scanner) erfaßten Daten auf Magnetband aufgenommen (digitale Datenerfassung), so daß großräumige Abbildungen der Erdoberfläche zwar in vier verschiedenen Spektralbereichen des Sichtbaren Lichts bzw. Nahen Infrarots, jedoch in sehr kleinem Maßstab u. wie gesagt zunächst mit nur geringer Bodenauflösung (79 m) zur Verfügung standen. Aus diesen Gründen war die Aussagekraft der Weltraumbilder von Erdbeobachtungssatelliten (z.B. Landsat 1-3), insbesondere wenn es sich um Räume mit großer Infodichte (z.B. Ballungsgebiete) handelt, stark begrenzt. Durch technische Weiterentwicklungen der Aufnahmesysteme (z.B. Landsat 4 TM, SPOT, MOMS) werden nunmehr jedoch auch verbesserte Multispektraldaten aus 7 schärfer eingegrenzten Aufnahmekanälen mit 10-30 m Bodenauflösung u. größerer geometrischer Abbildungsgenauigkeit angeboten, so daß mit zunehmendem Informationsgehalt neben dem wachsenden Nutzen von Satellitenaufnahmen für die Geowissenschaften/Meteorologie sowie die Raumordnung u. Landesplanung auch ihre Verwendung auf der Ebene der Regional- u. Kommunalplanung zunimmt. Von steigender Bedeutung ist der Einsatz von Satellitenaufnahmen z.B. bei der Landnutzungsinventur bzw. für den Vergleich von Flächennutzungen. Die systemtechnischen Eigenarten beim Einsatz von Satelliten ermöglichen aus großer Höhe in zwar sehr kleinem, aber einheitlichem Maßstab das zeitgleiche u. systematisch-flächenhafte Betrachten von Punkten der Erdoberfläche aus dem gleichen Beobachtungswinkel u. bei nahezu identischen phänologischen u. sonstigen Bedingungen. Auch wenn es sich nicht um einen geostationären Orbit (Kreisen auf der Umlaufbahn = Erdumdrehung) handelt, besteht die Möglichkeit in periodischen Abständen vom selben Satelliten über dem gleichen Gebiet Aufnahmen zu machen u. so räumlich-zeitliche Veränderungen z.B. von Landnutzungen zu erfassen. Die (digital) erfaßten Daten bieten sich einerseits zur direkten digitalen Weiterverarbeitung an, können aber auch photographisch wiedergegeben werden (Satellitenbild). Aufgrund der betriebsrechtlichen Verhältnisse problematisch ist jedoch manchmal die kurzfristige Anforderung aktueller Daten. 4) 5) 13)

Voraussetzung jeder räumlichen Planung bzw. raumbedeutsamen Maßnahme ist das Vorliegen umfassender, zuverlässiger u. aktueller (Bestands-)Daten über den Zustand des Gebietes für das planerische o. sonstige Entscheidungen zu treffen sind. Da ein Instrument wie z.B. das Raum-

4) vgl. Dodt, Jürgen, 1987 5) vgl. Endlicher, W./Goßmann, H. 1986 13) vgl. Schneider, Sigfrid, 1984

ordnungskataster diese Leistungsanforderungen nicht immer im geforderten Umfang erfüllen kann, wird zur Gewinnung einer präzisen Planungsgrundlage für einen Gesamt- o. Teilraum in zunehmendem Maße auf die Verfahren der Fernerkundung zurückgegriffen. Neben dem oben geschilderten Bedeutungszuwachs, den die mittels Satelliten vom Weltraum aus aufgeneommenen Daten erfahren haben, auf welche aber in der auf spezielle landschaftsökologische Anwendungsbeispieleausgerichteten Ausarbeitung wie gesagt nur sehr begrenzt eingegangen werden soll, ist das besondere Leistungsvermögen der „klassischen Sparte" der Fernerkundung, also der Luftbildaufnahmen im Rahmen verschiedener nationaler Flugzeugmeßprogramme zu erwähnen. Der Vorteil bei der Gewinnung herkömmlicher Luftbilder gegenüber Satellitenaufnahmen liegt nicht nur in der bereits erwähnten erzielbaren besseren Bodenauflösung, sondern zudem auch in den flexibleren Einsatzmöglichkeiten der Aufnahmeplattformen in Verbindung mit einer i.d.R. guten Geländekenntnis der Experimentatoren. Wie bei den Satellitenaufnahmen stellen auch auf dem Gebiet des „klassischen Luftbildwesens" parallel zur stark forcierten technologischen Innovation in diesem Bereich die nichtphotographischen Aufnahmetechniken (z.B. Scanner/Abtaster) eine Fülle inwertsetzbaren Datenmaterials zur Verfügung; letztere Techniken sind jedoch im Hinblick auf die in Kapitel 3 behandelten Anwendungsbeispiele nur in Verbindung mit der Nutzung von Satelliten als Sensorenträger relevant. 5) 13)

Die besondere Bedeutung des konventionellen Luftbilds resultiert in erster Linie aus der Tatsache, daß viele seiner charakteristischen Eigenschaften o. auch Qualitätsmerkmale auf vorteilhafte Weise mit den Anforderungen bzw. Datenwünschen der Akteure auf den verschiedenen Ebenen räumlicher Planung übereinstimmen. Das Luftbild mit seiner großen Informationsdichte hinsichtlich der naturräumlichen Landschaft, der Besiedlung (z.B. Wohnen, Gewerbe) sowie der existierenden Infrastruktur hat, weil es den Zustand der im Luftbild sichtbaren Geländeelemente im Augenblick der Aufnahme absolut objektiv wiedergibt, einen genau datierbaren dokumentarischen Wert. Der Wert eines Luftbildes ergibt sich aber nicht nur aus seiner Aktualität u. Ortstreue (d.h. der objektiven Geländedarstellung ohne abstrahierende kartographische Veränderungen wie z.B. Generalisierungen), sondern liegt v.a. auch in der zenitalen Aufsicht auf das Gelände, welche nicht nur eine anschauliche u. (beeinflußt durch etwaige Verzerrungen) grundrißmäßige Gesamtübersicht ermöglicht, sondern vielfach auch minuziöse Abbildungen von Details enthält. Auf diese Weise lassen sich neben der Landnutzung wie etwa dem landschaftlichen Nutzungsgefüge, den Siedlungsstrukturen u.a. sowie der Oberflächenstruktur, d.h. konkret dem vor Ort existierenden Geländerelief, der Bodenbedeckung etc. zudem im Gebiet vorhandene Umweltbelastungen für eingehendere Analysen synchron u. synoptisch exakt festhalten. Ein besonderes Qualitätsmerkmal bei der Verwendung von Luftbildern ist darüberhinaus die Periodizität, also die multitemporale Wiederholbarkeit von Luftaufnahmen

5) vgl. Endlicher, W./Goßmann H., 1986 13) vgl. Schneider, Sigfrid, 1984

desselben Geländeausschnitts, z.B. im Verlauf eines Tages, jahreszeitlich gestaffelt o. über den Zeitraum von Jahren hinweg. Durch die Möglichkeit des Vergleichs wird nicht nur die statische Betrachtung der Strukturen, Verflechtungen bzw. Abhängigkeiten eines Geländekomplexes möglich, sondern es erschließen sich dem Betrachter u. Auswerter auch dynamische Entwicklungsprozesse, die sich bei verschiedenen Geländeelementen über einen bestimmten Zeitraum hinweg vollzogen haben. Als für die Auswertung bzw. Analyse von Luftbildern vorteilhaft hat sich dabei die „dreidimensionale Modellwahrnehmung" des Geländes erwiesen, welche durch die Verwendung von Spiegelstereoskopen ermöglicht wird (s. Kapitel 2). Die Verwendung von Luftbildern hat sich schließlich im Vergleich zu terrestrischen Erkundungsmethoden (z.B. Geländebegehungen/-beobachtungen/ Felderhebungen) als relativ effiziente u. wirtschaftliche Methode erwiesen, v.a. was das Verhältnis von finanziellem Aufwand u. gewonnenem Informationsgehalt/Ertrag angeht; dabei hängt die Anzahl der benötigten Luftbilder, also der Beschaffungsaufwand einerseits von der Größe des Untersuchungsgebietes u. andererseits vom verwendeten Bildmaßstab abhängig ist. 13)

Luftbildaufnahmen werden häufig im öffentlichen Auftrag (z.B. Planungsbehörden) von autorisierten Bildflugunternehmen erstellt, sind über die Landesvermessungsämter o. die Luftbildfirmen zu erwerben u. werden durch die Regierungspräsidenten (bzw. dort, wo keine Bezirksregierungen existieren durch die Länder selbst) zur Einsicht bzw. zum Gebrauch freigegeben. Als nachteilig erweisen sich dabei teilweise die lange Dauer der Bildbeschaffung sowie in erster Linie bei Bedarf großer Mengen (sich zudem vielfach noch überdeckender) großmaßstäblicher Reihenmeßbilder die erhöhten Kosten. Zudem besteht für den Luftbildnutzer die Notwendigkeit, sich mit den existierenden Auswertegeräten bzw. -techniken vertraut zu machen, wobei auch im Rahmen der Luftbildinterpretation Geländekontrollen nach wie vor erforderlich sind. Auch die Tatsache, daß das Luftbild nur den Geländezustand im Augenblick der Aufnahme dokumentiert, damit schnell veraltet u. außerdem nur die Beschaffenheit der Oberflächen wiederspiegelt, jedoch i.d.R. keinen Aufschluß über den Untergrund eines Geländes o. den Inhalt von Objekten gibt, ist in bestimmten Fällen als Nachteil anzusehen. Auch werden durch markante geometrische Formen o. auffällige Tönungen bzw. Texturen teilweise für die Auswertung unwesentliche Teile von Luftbildern hervorgehoben u. darüberhinaus beeinträchtigt die durch die Zentralprojektion bedingte Verzerrung (s. Kapitel 1.1) den Aussagewert von Abbildungen. 13)

Trotz dieser Nachteile sind Luftbilder u. in begrenztem, aber wachsendem Umfang auch Satellitenaufnahmen, nicht zuletzt aufgrund der zuvor beschriebenen positiven Qualitätsmerkmale, moderne u. vielseitige Hilfsmittel der planenden Verwaltung. Zwar findet

13) vgl. Schneider, Sigfrid, 1984

die Fernerkundung als Methode zur systematischen räumlichen Datenerfassung in den Gesetzen u. Verordnungen des Bundes bzw. der Länder keine ausdrückliche Erwähnung, jedoch erlangt sie durch die Bestimmung des §11 ROG direkt Bedeutung, wonach der Bundesminister für Raumordnung, Bauwesen u. Städtebau jeweils im zeitlichen Abstand von 4 Jahren dem Bundestag über die räumliche Entwicklung im Bundesgebiet, welche sich wiederum an den Grundsätzen des §2 ROG orientiert, zu unterrichten hat. Diese Grundsätze umfassen Sachbereiche wie beispielsweise die Vorhaltung von Wohn- u. Arbeitsstätten, von Bildungs-, Kultur- u. Verwaltungseinrichtungen, die Sicherstellung der Verkehrs- u. Versorgungsinfrastruktur sowie den Erhalt der Landschaft u.a. zu Erholungszwecken, für die die Fernerkundung konkrete u. aktuelle räumliche Informationen zur Verfügung zu stellen hat. Luft- u. Satellitenbilder als leistungsfähige „Datenspeicher" werden schwerpunktmäßig eingesetzt bei der Entwicklung bzw. Erarbeitung von Leitbildern in querschnittsorientierten Programmen u. Plänen wie z.B. den Landesentwicklungsprogrammen bzw. -plänen, den Gebietsentwicklungs- o. Regionalplänen, aber auch von Fachplänen auf dem Gebiet des Natur- u. Landschaftsschutzes wie z.B. den Landschafts- bzw. Landschaftsrahmenplänen. Eine ganz wesentliche Aufgabe ist dabei wie gesagt das Schaffen einer umfassenden u. zuverlässigen Beurteilungs- u. Entscheidungsgrundlage für sämtliche, also auch ökologisch raumwirksame Planungen u. Maßnahmen. Der Beitrag der Fernerkundung zum Schaffen einer derartigen Grundlage kann sich einerseits auf die Erfassung sowie Bilanzierung realer Flächennutzungen bzw. auf die Führung der Raumordnungskataster u. andererseits auf die Dokumentation des Landschaftszustandes erstrecken. Erster Aspekt ist z.B. für die Landschafts- bzw. Landschaftsrahmenplanung von Bedeutung, während der 2. Punkt zudem in Verbindung mit landschaftspflegerischen Maßnahmen zur ökologischen Verbesserung des Landschaftspotentials bzw. zur Minimierung von Landschaftsschädigungen relevant ist; beide landschaftsökologisch bedeutsamen Felder werden in Kapitel 3 tiefergehend erläutert. Schließlich werden Luftbilder in vielen Fällen auch zur Vorbereitung von Geländeerkundungen o. für Besprechungen im politisch-administrativen Bereich herangezogen. 13)

Das breite Leistungsvermögen geographischer Fernerkundungsmethoden mit Hilfe von Luftbildern u. Satellitenaufnahmen läßt sich in wenigen Aspekten wie folgt zusammenfassen :

+ Fernerkundungsdaten ermöglichen im Gegensatz zu ausschließlichen Geländeerkundungen, die Geo-Daten häufig nur punktuell o. für bestimmte Teilbereiche erfassen, flächenhafte Aussagen über ein Gebiet u. lassen in Verbindung mit Bodenkontrollen tiefergehende Rückschlüsse zu.

+ Die Fernerkundung ermöglicht Aussagen über Zeitabläufe, indem sie z.B. mittels Luftbildvergleich räumlich-zeitliche Veränderungen aufzeigt.

13) vgl. Schneider, Sigfrid, 1984

+ Photogrammetrische Auswertungsmethoden auf der Grundlage von Luftbildern dienen in diesem Zusammenhang zur Verbesserung bzw. Nachführung v.a. großmaßstäblicher topographischer Karten sowie zu deren Zeichnung

+ Fernerkundungsmethoden ermöglichen in Verbindung mit statistischen Methoden eine Quantifizierung von Fehlern bei der geographischen Datenerfassung u. machen konkrete Aussagen über den Genauigkeitsgrad u. somit die Güte einer Kartierung.

+ Durch den Einsatz spezieller Sensoren können neben Abbildungen im Ausschnitt des Sichtbaren Lichts auch andere Spektralbereiche für das menschliche Auge sichtbar gemacht werden. In diesem Zusammenhang sei v.a. das Infrarot erwähnt, welches z.B. auf den Bildern eines Falschfarben-Infrarotfilms mit Hilfe einer entsprechenden Kamera bzw. Meßkammer sichtbar gemacht wird. Mittels nichtphotographischer Aufnahmetechniken (z.B. Scanner/Abtasterlassen sich ebenfalls Infrarotabbildungen erstellen (z.B. o.g. Satellitenaufnahmen). Durch Scanner/Abtaster können darüberhinaus Wärmestrahlen erfaßt u. auf Thermalbildern für eine klimatologische Interpretation sichtbar gemacht werden.

+ Fernerkundungsdaten beinhalten nicht nur qualitative Geländeinformationen (z.B. Wasser, Wald), sondern liefern zudem exakt quantifizierbare, also physikalisch meßbare o. mathematisch berechenbare Angaben über verschiedene Oberflächenformen (wie z.B. spektrale Reflexionseigenschaften o. Flächengrößen).

+ Aufgrund der o.g. Leistungsmerkmale erschließt die Fernerkundung mit ihren verschiedenen Verfahren geographische Zusammenhänge (z.B. zwischen Topographie/Landnutzung eines Gebiets einerseits sowie Oberflächentemperatur bzw. -abfluß andererseits) u. zeigt zudem räumliche Grenzen deutlich auf.

+ Schließlich besteht die Möglichkeit flächenhafte Fernerkundungsdaten, die aufgrund der Erhebungsmethode (z.B. nichtphotographische Aufnahmetechniken) in digitaler Form vorliegen o. nach Erfassung räumlicher Daten (z.B. mittels Luftbild) entsprechend digitalisiert worden sind, für eine langfristig angelegte Speicherung mit jederzeitiger Rückgriffsmöglichkeit für eine weitere Verarbeitung in raumbezogene Informationssysteme (RIS) einzuspeisen. Darüberhinaus ist auch eine Verknüpfung/Vernetzung mit anderen digital-flächenhaft vorliegenden Daten, so z.B. eine entsprechende Verbindung von topographischen u. anthropogeographischen Infosystemen möglich. 5)

5) vgl. Endlicher, G./Goßmann H., 1986

1.1 Geometrische Eigenschaften von Luftbildern

In den einleitenden Ausführungen wurde zunächst der Versuch einer allgemeinen Annäherung an die Fernerkundung bzw. der definitorischen Festlegung des Begriffs gemacht, wobei in diesem Zusammenhang auf verschiedene Aufnahmetechniken u. -produkte eingegangen wurde. Die nun folgende Darstellung von Merkmalen u. Eigenschaften soll sich ausschließlich auf Luftbilder beschränken, welche mittels Kamera o. Meßkammer in erster Linie von speziellen Meßflugzeugen, teilweise aber auch von Hubschraubern o.ä. aus die erfaßten Raumausschnitte in Form von Augenblicksaufnahmen als Modelle der Wirklichkeit photographisch unmittelbar u. konkret wiedergeben (analoge Wiedergabe). Derartige Luftbilder sind dabei wie gesagt als hochwertige Datenspeicher einzustufen, weil sie eine große Dichte u. Vielfalt räumlicher Informationen beinhalten, die in ihrem Aussagewert weder durch kartographische Generalisierungen z.B. in Form einer differenzierenden Auswahl bzw. klassifizierenden Zusammenfassung von Objekten o. etwa der Umsetzung von Bildinhalten in Zeichen beeinträchtigt noch z.B. mittels einer Legende inhaltlich erläutert werden. Die Zuverlässigkeit von Luftbildern ergibt sich also in erster Linie aus der absolut objekiven u. realitätstreuen Abbildung (Ortstreue) von zu untersuchenden Geländeausschnitten, wobei allerdings nicht nur photographische Aspekte wie das von der Film-Filter-Kombination beeinflußte räumliche Auflösungsvermögen sowie die vom Aufnahmezeitpunkt (z.B. Tageszeit, Jahreszeit) abhängige Art u. Intensität der Beleuchtung, sondern auch der Bildmaßstab u. weitere spezielle geometrische Eigenschaften von Luftbildern bedeutenden Einfluß auf Qualität bzw. Abbildungsleistung der Aufnahmen haben. 13)

+ Luftbilder lassen sich zunächst in Abhängigkeit von der Richtung der Aufnahmeachse unterscheiden, wobei Geneigtaufnahmen bei einer Abweichung von 30-60° von der Senkrechten als Schrägbild u. bei einer Abweichung von 60-90° als Flachbild bezeichnet werden. Vorteile wieder großen Anschaulichkeit solcher Aufnahmen, welche insbesondere Aufschluß über den Aufriß von Gebäuden, Straßenzeilen u. ganzen Geländepartien vermitteln, stehen Nachteile wie etwa nicht einsehbare Räume, perspektivische Verzerrungen in Verbindung mit Maßstabsveränderungen z.B. zwischen Bildvorder- u. Hintergrund sowie ggf. Bewegungsunschärfen bzw. teilweise auftretender Dunst gegenüber. Aus diesen Gründen werden solche Aufnahmen häufig nur ergänzend zur Verwendung von Senkrechtluftbildern benutzt. 4) 13)

+ Senkrechtluftbilder, die mit vollautomatisch arbeitenden Reihenmeßkammern aufgenommen werden, erfassen den stereoskopisch zu untersuchenden Raumausschnitt i.d.R. mit einer Querüberdeckung von 20% sowie einer Längsüberdeckung von mindestens 60% u. vermitteln unter der

4)vgl. Dodt, Jürgen,1987 13) vgl. Schneider, Sigfrid, 1984

Voraussetzung eines völlig ebenen, horizontalen Gebietes ohne jegliche aufragende Geländeobjekte sowie einer zum Aufnahmezeitpunkt exakt senkrecht zur Geländeoberfläche orientierten Kammer-/Aufnahmeachse (Nadirbild) eine lückenlose zentralperspektivische Gesamtschau vergleichbar einer (mittels Parallelprojektion erstellten) topographischen Karte. 4) 13)

+ O.g. Voraussetzungen existieren i.d.R. praktisch jedoch nicht, da es z.B. aufgrund von Längs- o. Querneigung des Flugzeugs sehr häufig zu Abweichungen der Kammer-/Aufnahmeachse um bis zu 3° von der Lotrechten kommen kann; in Verbindung mit der Zentralprojektion ergeben sich daraus sog. projektive Verzerrungen, welche sich auf den Abbildungen in Form von Punktverlagerungen u. somit der Verzerrung von Strecken, Flächen u. Winkeln sowie von Maßstabsschwankungen (insgesamt also von Grundrißverzerrungen) bemerkbar machen, so daß solche Luftbilder geometrisch nicht vollständig lage- u. maßstabstreu sind. 4) 13)

+ Da das Luftbild Ergebnis einer Zentralprojektion u. damit eine zentralperspektivische Geländeabbildung ist, ergeben sich durch Höhenunterschiede im Gelände weitere Verzerrungen auf der Abbildung. Der sog. reliefbedingte Radialversatz ergibt sich aus der Verschiebung der Lage der Bildpunkte gegenüber der Lage im Gelände. Dabei werden alle über einer Bezugsebene (z.B. Höhenniveau des Bildmittelpunkts) gelegenen Gelände-/Objektpunkte auf der Bildebene (Abbildung) entlang der durch die Mitte des Objektivs (Pojektionszentrum/Brennpunkt) verlaufenden Projektionsstrahlen nach außen verlagert, während alle darunter gelegenen Gelände-/Objektpunkte nach innen versetzt abgebildet werden. Als Folge der radialen Verlagerung verlaufen senkrechte Objektlinien (z.B. von Bäumen o. Kirchtürmen) zum Mittelpunkt der Abbildung hin, was dazu führt, daß v.a. am Bildrand durch das „Umklappen" von Objekten auch die Aufriss sichtbar werden (Möglichkeit der Ermittlung von Objekthöhen).Die Abbildungsverzerrungen auf grund des Radialversatzes von Gelände-/Objektpunkten werden bei zunehmender Reliefenergie sowie mit größerem Aufnahmewinkel (z.B. durch Verwendung kleinerer Brennweiten), also mit zunehmender Entfernung vom Bildmittlpunkt größer, nehmen jedoch mit zunehmender Flug-/Aufnahmehöhe über Grund wieder ab. 4) 13)

+ Für Aufnahmen werden 3 verschiedene Brennweiten/Aufnahmekammern mit entsprechend unterschiedlich großen Aufnahmewinkeln wie etwa die Normalwinkelkammer (Brennweite = 30 cm), die Weitwinkelkammer (15 cm) o. die Überweitwinkelkammer (8,5 cm) verwendet, wobei der Maßstab eines Senkrechtluftbildes sich dann aus dem Verhältnis von verwendeter Brennweite (bzw. Kammerkonstante) u. Flughöhe über Grund ergibt; wie bei der projektiven Verzerrung kann es daher auch aufgrund des Geländereliefs (Höhendifferenzen) zu Maßstabsschwankungen innerhalb derselben Abbildung kommen. Der ungefähre Maßstab kann zudem auch über das Verhältnis einer

4) vgl. Dodt, Jürgen, 1987 13) vgl. Schneider, Sigfrid, 1984

Bildstrecke zur entsprechenden Geländestrecke ermittelt werden. 4) 13)

+ Aufgrund der oben geschilderten Eigenschaften der zentralperspektivischen Projekionsweise bedarf es, um Senkrechtluftbilder für eine Auswertung ohne Einschränkung (z.B. flächendeckendeStrecken-/Flächenmessungen) nutzbar zu machen, zunächst einer Vorverarbeitung; dabei werden zur Kompensation projektiver Verzerrungen in den zuständigen Landesvermessungsämtern o. autorisierten Luftbildfirmen mittels spezieller Entzerrungsgeräte optisch-photographische Umbildungen vorgenommen. Sog. einfache Entzerrungen sind jedoch nur dann ausreichend,wenn es sich auf der Abbildung um nahezu flaches, horizontales Gelände handelt, d.h. konkret die Höhendifferenzen < = der Bildmaßstabszahl : 500 sind. Bei größeren Höhenunterschieden mit entsprechendem Radialversatz bedarf es zur Korrektur zudem einer sog. Differentialentzerrung mittel Orthophotoprojektor. Das Ergebnis ist jeweils das entzerrte u. maßgerechte, also geometrisc korrekte Luftbild (Orthophoto). Das gewöhnliche Format solcher Luftbilder beträgt 23 x 23 cm. 4) 13)

1.2 Photographische Aspekte

Neben den o.g. geometrischen Eigenschaften wird die Qualität von Luftbildern u. damit ihre Aussagekraft für eine zweckgerichtete Interpretation bzw. Auswertung ganz wesentlich auch durch photographische Aspekte bestimmt.

+ Die Wahl des photographischen Materials orientiert sich z.B. daran, mit welcher Filmemulsion die verfolgte Aufgabenstellung zum anvisierten Zeitpunkt am zweckmäßigsten u. wirtschaftlichsten zu bewältigen ist. Dabei sind die unterschiedlichen Reflexionseigenschaften verschiedener im Gelände vorhandener Objekte zu beachten, wobei die Reflexionsgrade der einzelnen Objekte von der Beschaffenheit des jeweiligen Oberflächenmaterials bestimmt werden. Aufgrund der stark differierenden Remissionswerte, also der Anteile des Lichts, die jeweils reflektiert werden (z.B. Neuschnee 80-85%, rauher u. trockener Beton 35%, dunkler Wald 1-3%) u. der damit einhergehenden Veränderung in der Kontrastbildung wird eine Objektidentifikation im Luftbild erst möglich. Für eine deutliche Unterscheidbarkeit zu interpretierender Objekte auf der Abbildung ist bei der Entscheidung für eine bestimmte Filmart darüberhinaus zu berücksichtigen, für welchen elektromagnetischen Wellenbereich die Filmemulsion sensibilisiert ist. 13)

+ Das insgesamt wohl am häufigsten verwendete Photomaterial ist der panchromatische Film, derim Spektrum des Sichtbaren Lichts nahezu alle Geländeinhalte in abgestuften gewöhnlichen

4) vgl. Dodt, Jürgen, 1987 13) vgl. Schneider, Sigfrid, 1984

Grautönen auf Schwarzweißbildern wiedergibt; die Empfindlichkeit liegt bei ca. 700 nm. 13)

+ Geländeobjekte, bei denen die Kontrastbildung im Spektrum des Sichtbaren Lichts, also im panchromatischen Wellenbereich, unzureichend ist, lassen ich durch Infrarotreflexion im Bereichdes Nahen Infrarots bei ca. 900 nm Wellenlänge wesentlich exakter erfassen u. abgrenzen. Der Infrarotfilm weicht bei der Wiedergabe der Grautöne allerdings von der natürlichen Abstufung ab u. bietet sich aufgrund der etwa 10-fach erhöhten Reflexion des Blattgrüns insbesondere zur Darstellung von Vegetationsbeständen an. 13)

+ Die Emulsion des Farbfilms besteht aus einer blauen, einer grünen sowie einer roten Farbschicht, so daß Farbunterschiede im Gelände auch auf dem Luftbild farblich kontrastiert abgebildet werden. Der Wert des Materials liegt dabei weniger in einer farbtreuen (z.B. Helligkeit o. Sättigung verschiedener Farbtöne), sondern vielmehr in der farblich differenzierten Abbildung von Geländeinhalten (z.B. bei Landnutzungsinventuren). 13)

+ Beim ebenfalls 3-schichtigen Infrarotfarbfilm wird i.d.R. die blaue Farbschicht gegen eine Infrarotschicht ausgetauscht, so daß der photographische Geländeausschnitt auf der Abbildungeinerseits zwar in unnatürlichen Farben („Falschfarben") wiedergegeben wird (z.B. grün wird als blau u. rot als grün abgebildet), andererseits aber die stark infrarot reflektierenden Geländeteile (z.B. Vegetationsbestände) in markantem rot kontrastreich abgebildet werden. Dem Vorteil der Multifunktionalität des Filmmaterials (s.o.) steht allerdings seine Wärmeempfindlichkeit u. begrenzte Haltbarkeit gegenüber. 13)

+ Neben dem verwendeten Photomaterial u. dessen Verarbeitung spielen äußere Bedingungen zum Aufnahmezeitpunkt wie etwa die Geländeausleuchtung verbunden mit entsprechender Schattenbildung für die Abbildungsqualität eine bedeutende Rolle. Die Beleuchtung setzt sich dabei aus variierenden Anteilen direkten Sonnenlichts (im Spektrum der Wellenbereiche als Sichtbares Licht bezeichnet) sowie aus durch die atmosphärische Extinktion (Sonnenlichtabschwächung) bedingte Himmelsstrahlung o. auch Luftlicht zusammen. Die überwiegend im Bereich der Kurzwellen anzusiedelnde Himmelsstrahlung entsteht also durch Brechung u. entsprechende Umwandlung eines Teils der Sonnenstrahlen in diffuses Streulicht im Bereich der Atmosphäre, wobei eine derartige Reduzierung der Intensität der Sonnenstrahlung mit einer spürbaren Kontrast minderung einhergeht. 13)

+ Zur Kompensation dieses für die Luftbildinterpretation nachteiligen Effekts besteht die Möglichkeit, dem Kameraobjektiv Farbfilter vorzuschalten, die eine Absorption der Kurzwellen

13) vgl. Schneider, Sigfrid, 1984

ermöglichen u. somit zur Kontrasterhöhung beitragen. Während bei der panchromatischen Photographie i.d.R. Gelb-, Orange- u. teilweise auch Rotfilter u. bei Erstellung von InfrarotphotosRot- bzw. Infrarotfilter Verwendung finden, werden im Rahmen der Infrarotfarbphotographie ebenfalls Gelb- u. Orangefilter benutzt. Ein erheblicher Nachteil bei der Verwendung von Filtern ist allerdings eine weitere Verminderung der Beleuchtungsstärke, wobei sog. Verlaufsfilter mit variierender Lichtdurchlässigkeit zumindest zur Reduktion des von der Mitte zu den Rändern hin zu beobachtenden Helligkeitsabfalls auf den Abbildungen beitragen. 13)

+ Da sich das Verhältnis von Sonnen- u. Himmelsstrahlung im Wellenberech des Sichtbaren Licht zwischen 380 u. 780 nm abhängig von der Tageszeit in Verbindung mit der jeweiligen Wetterlage (z.B. > Trübung > Himmelsstrahlung < Beleuchtungsstärke < Kontrastbildung) ständig verändert sowie zudem beispielsweise die Reflexion aufgrund jahreszeitlicher Veränderungen im Vegetationsbestand variiert, ist die Wahl des Aufnahmezeitpunkts für Qualität u. Aussagekraft der Luftbilder von großer Bedeutung. 13)

+ Aus der verwendeten Film-Filter-Kombination läßt sich schließlich das photographische Auflösungsvermögen ermitteln, das Ausdruck der photographischen Abbildungsleistung, d.h. konkret der Darstellung minuziöser Details in Luftaufnahmen ist. Das Auflösungsvermögen von Luftbildern liegt gewöhnlich zwischen 20 u. 50 L/mm (Linienpaare je mm bezogen auf die größenmäßig gerade noch abgebildete Testfigur einer Figurenreihe), wobei sich aufgrund des geringeren Auflösungsvermögens des Auges für Betrachtungen im Rahmen der Luftbildinterpretation eine max. 6-fache Vergrößerung empfiehlt. 13)

1.3 Für ökologische Untersuchungen u. Planungen bedeutsame Arten u. Maßstäbe von Luftbildern bzw. Luftbildkarten aus verschiedenen Fernerkundungsverfahren

Nachdem bisher eine allgemeine Annäherung an verschiedene Verfahren der Fernerkundung sowie entsprechender Aufnahmeprodukte erfolgte, sollen nunmehr deren Bedeutung u. Einsatz im Rahmen ökologischer Untersuchungen bzw. entsprechender Planungen u. Maßnahmen thematisiert werden. Aufgrund der vielfältigen gesellschaftlichen Nutzungsanspruche an den Landschaftsraum (z.B. Wohnen, Erholen, Arbeiten, Verkehr) verbunden mit einem nach wie vor wenig gebremsten Verbrauch von Natur- u. Kulturlandschaft (z.B. Umwandlung von Grünbereichen in Siedlungs- o. Verkehrsfläche) einerseits sowie der beschränkten Leistungsfähigkeit des Naturhaushalts (Begrenztheit der ökologischen Ressourcen) andererseits hat sich die ökologische Gesamtbelastung

13) vgl. Schneider, Sigfrid, 1984

durch Freiflächenverbrauch u. Zersiedlung bzw. Landschaftszerstörungen bedenklich erhöht. Somit kommt der Landschaftplanung u. pflege die wichtige Aufgabe zu, die unterschiedlichen Nutzungsinteressen mit dem Ziel eines dauerhaften Erhalts des ökologischen Landschaftspotentials abzugleichen u. so eine tragfähige Nutzung der naturräumlichen Komponenten Boden, Wasser, Luft, Flora u. Fauna bzw. eine behutsame Weiterentwicklung dieser natürlichen Lebensgrundlagen zu ermöglichen. 13)

Zur Erfassung des existierenden naturräumlichen Potentials, seiner ökologischen Verflechtungen bzw. Grenzen als Basis für eine Beurteilung absehbarer Folgewirkungen landschaftsplanerischer Entscheidungen bzw. landschaftspflegerischer Maßnahmen bietet sich das Luftbild als übersichtliche u. (abhängig vom Aufnahmezeitpunkt) aktuelle Planungsgrundlage an. Verschiedene Arten u. Maßstäbe von Luftbildern als unmittelbar-konkrete Abbildungen ausgewählter Geländeausschnitte erleichtern (bei entsprechender Aufbereitung) nicht nur im Rahmen von Planungsprozessen o. bei der Vorbereitung von Maßnahmen die ökologische Problemerkenntnis, sondern tragen mit ihrer größen Datenfülle sowie der relativ leichten Verständlichkeit auch zur Information der Bevölkerung (Öffentlichkeitsarbeit) bei. Das zu Beginn bereits erwähnte Schrägluftbild (Hasselbladaufnahme o. Kleinbild) dient in erster Linie der Einführung des Betrachters in einen zu bearbeitenden Landschaftsausschnitt (Orientierungshilfe), indem es Informationen zu wesentlichen Landschaftskomponenten wie etwa der existierenden Nutzungsstruktur von Flächen, der vorhandenen Oberflächenstruktur (Reliefgliederung, Bodenbedeckung, optischer Erlebniswert des Landschaftsbildes) o. erkennbaren Naturbelastungen bzw. Landschaftsschädigungen gibt. Die große Anschaulichkeit solcher Abbildungen resultiert daraus, daß Schrägaufnahmen der Landschaft aus nicht allzu großer Höhe den normalen menschlichen Sehgewohnheiten entgegenkommen, so daß sie sich aus diesem Grunde auch zu räumlich-zeitlichen Vergleichen vor / nach bestimmten örtlichen Landschaftseingriffen eignen. 13)

Schrägaufnahmen haben ihrer Natur nach keinen einheitlichen Maßstab, sind zudem nicht lagetreu u. führen aufgrund sichttoter Räume manchmal zu Schwierigkeiten beim Identifizieren. Für eine flächendeckende, detaillierte Bestandserfassung u. ökologische Analyse der o.g. Landschaftskomponenten o. die Ausmessung u. Berechnung von Flächen (z.B. Bau- bzw. Freiflächen bei Erstellung von Flächenbilanzen) als Grundlage für Landschaftplanung u. pflege werden die erwähnten Reihenmeßkammeraufnahmen (Senkrechtluftbilder) verwendet; dabei werden ökologisch orientierte Geländeuntersuchungen i.d.R. mittels Auswertung von „Stereopaaren" vorgenommen, welche eine „dreidimensionale Modellwahrnehmung" ermöglichen (s. Kapitel 2.1), Geländekontrollen aber nicht überflüssig machen. Umgekehrt sind auch bei Feldkartierungen derartige Luftbilder häufig unverzichtbare Hilfsmittel. Voraussetzung der Verwendung von

13) vgl. Schneider, Sigfrid, 1984

Senkrechtluftbildern als aussagekräftige Interpretationsgrundlage (v.a. bei Erstellung von Flächenbilanzen) ist ihre Entzerrung u. somit das Vorliegen einer lagetreuen Arbeitsgrundlge mit einheitlichem Maßstab. Für die in Kapitel 3 erläuterten Anwendungsbeispiele sind neben Schrägaufnahmen zur Orientierung im Raum o. zur Untersuchung örtlicher Teilräume also in erster Linie Senkrechtaufnahmen von Bedeutung u. zwar für ökologische Detailuntersuchungen häufig Bilder im großmaßstäblichen Bereich zwischen 1 : 1000 u. 1 : 5000, teilweise aber auch noch größer bzw. kleiner (z.B. 1 : 7000), sowie für sonstige flächenhafte Untersuchungen Bilder mit kleineren Maßstäben von 1 : 10000 bis 1 : 30000. Zur Untersuchung landschaftsökologischer Erscheinungen sind i.d.R. multispektrale Farb- bzw. Infrarotfarbaufnahmen von erheblichem Vorteil, in manchen Fällen für eine Interpretation sogar unverzichtbar. Es gibt aber auch Fälle, bei denen (nicht zuletzt aus Kostengründen) auf Schwarzweißaufnahmen zurückgegriffen wird. 13)

Auf der Basis entzerrter, geometrisch korrigierter Luftbilder (Orthophotos) werden Luftbildpläne (Orthophotopläne) erstellt, welche als lage- u. maßstabstreue sowie informative Arbeitsgrundlage häufig eine Kombination aus Luftaufnahmen u. zusätzlicher Information (z.B. Eintrag von Höhenlinien, Quelleinzugsgebieten u.a. auf einem speziellen Deckblatt) sind. Aus diesem Grund sind Orthophotopläne für Bestandsaufnahmen, Planungen u. Maßnahmen im landschaftsplanerischen u. -pflegerischen Bereich (z.B. bei Aufstellung von Landschaftsplänen bzw. landschaftspflegerischen Begleitplänen) ein sehr aussagekräftiges u. (v.a. im Verhältnis zum Infogehalt) zudem noch relativ kostengünstiges Hilfsmittel. Nachteilig bei großmaßstäblichen Luftbildplänen ist der (aufgrund der photographisch vergrößerten Geländedarstellung bei gleichzeitiger Formatbegrenzung) naturgemäß größere Bedarf an Planmaterial verbunden mit einem entsprechend erhöhten Kostenaufwand für Herstellung bzw. Erwerb. Eine noch bessere ökologische Problemerkenntnis im Rahmen planungsinterner Entscheiungsprozesse bzw. Verständlichkeit auch für Laien ermöglichen sog. Luftbildkarten, welche sich gegenüber konventionellen Luftbildern, aber auch den (als Vorstufe einzuordnenden) Orthophotoplänen insbesondere durch eine (über das Einkopieren von Höhenlinien bzw. -punkten hinausgende) umfangreichere kartographische Bearbeitung (im wesentlichen eine Beschriftung ausgewählter Gelände-/Bildobjekte) auszeichnen. Mit ihren kartenmäßigen Eigenschaften verbinden Luftbildkarten somit die Anschaulichkeit u. den Detailreichtum von Luftbildern mit Elementen einer topographischen Karte wie etwa der exakten Darstellung der Höhenverhältnisse im Gelände, der inhaltlichen Erläuterung o. etwa der strengen Lage- u. Maßstabstreue. Luftbildkarten sind inhaltlich erläuterte u. photographisch exakte Abbildungen bestimmter Landschaftsräume u. bieten dabei sowohl Übersichts- als uch Detailinformationen auf qualitativ höchstem Niveau. Bei der Anwendung von Luftbildkarten wie Luftbildplänen als Infoträger bei ökologisch orientierten Raumbeobachtungen u. -bewertungen o. der Ermittlung u. Dokumentation von Umweltschädigungen

13) vgl. Schneider, Sigfrid, 1984

werden im allgemeinen große Maßstäbe im Bereich bis 1 : 5000 verwendet, welche die notwendige selektive Betrachtung von Einzelbestandteilen eines Raumes ermöglichen, aber aufgrund der großen Informationsdichte des Karteninhalts teilweise zu Problemen bei Identifikation bzw. Interpretation führen können. Im Rahmen von Flächennutzungsinventuren bzw. bei Erstellung von Flächenbilanzen stehen wie beim Einsatz einzelner Reihenmeßbilder (soweit flächendeckend vorhanden) kleinere Maßstäbe z.B. im Bereich zwischen 1 : 12000 u. 1 : 15000 im Mittelpunkt, da hier das Schaffen einer ganzheitlichen Übersicht über vorhandene Gebietsnutzungen im Vordergrund steht. 13)

Es liegen also Luftbildkartenwerke unterschiedlicher Maßstabsgruppen vor, wobei eine besondere Bedeutung für eigentlich alle o.g. landschaftsökologischen Planungsbereiche der Luftbildkarte im Maßstab 1 : 5000 zukommt. Diese im Blattschnitt u. Maßstab der Deutschen Grundkarte 1 : 5000 (DGK 5) von Landesvermessungsämtern u. Katasterämtern vertriebenen Karten präsentieren sich dem Betrachter als photographische Darstellung des Geländezustands in Form eines 40 x 40 cm großen entzerrten u. i.d.R. schwarzweißen Grundrißbildes mit einheitlichem Maßstab, so daß eine exakte Bestimmung von Lagekoordinaten sowie Streckenmessungen u. Flächenberechnungen möglich sind. Die Kartenblätter werden von verschiedenen Landesvermessungsämtern turnusmäßig erstellt, haben damit einen hohen Aktualitätsgrad u. liegen beispielsweise für NRW unter der Bezeichnung DGK 5 L flächendeckend als eigenständiges Kartenwerk vor. Zur Orientierung darüber, welche Gebiete beflogen worden sind bzw. für die realitätstreue Zuordnung der einzelnen durch das Bildflugunternehmen gelieferten Aufnahmen bei Herstellung der Luftbildkarten, werden sog. Befliegungsübersichten erstellt, welche z.B. auf Grundlage einer topographischen Karte den numerisch in Streifen gegliederten Bildflugweg, die Lage der jeweiligen Bildmitten sowie die Bildnummern enthalten. Demselben Zweck dient der sog. Bildindex in Form eines photographisch verkleinerten u. nummerierten Luftbildmosaiks. Die DGK 5 L hat also spezielle Eigenschaften, denn sie erinnert mit ihren ergänzenden kartographischen Elementen (Kartenrandgestaltung, kartographische Bearbeitung, Lage- u. Maßstabstreue) zwar in manchen Teilen an die DGK 5, entspricht in ihrer Abbildungsleistung ansonsten aber derjenigen von Luftbildern. 13)

+ Die Luftbildkarte ist das Produkt aus zentralprojezierten, geometrisch korrigierten Luftbildern, nicht aber einer Parallelprojektion u. stellt damit in bildhaft-photographischer Form zu einem genau datierbaren Aufnahmezeitpunkt alle sichtbaren, also auch dynamischen, vorübergehendenErscheinungen u. Sachverhalte eines begrenzten Raumausschnitts dar. Im Gegensatz dazu stellt die topographische Karte ein Gelände z.B. mittels einer in der Legende festgelegten begrenzten Zahl von Kartenzeichen graphisch dar u. ist aufgrund der wesentlich längeren Herstellungsdauer bzw. entsprechend aufwendigen Überarbeitung u. Fortführung eher

13) vgl. Schneider, Sigfrid, 1984

statisch u. zeitlos. 13)

+ Die Luftbildkarte dagegen nimmt keine differenzierende Auswahl o. klassifizierende Zusammenfassung von Geländeobjekten vor, so daß sich dem Betrachter ein natürliches Abbild des Raumes ohne Reduktion von Infodichte u. Vielfalt, wie dies in topographischen Karten durch die Generalisierung geschieht, bietet; gerade in der realitätstreuen, lückenlosen u. flächendeckenden, differenzierten u. detaillierten Geländedarstellung (Vielfalt von Formen, Tönungen u. Texturen) liegt der Wert der Luftbildkarte für die landschaftsökologische Planung. 13)

+ Aufgrund der fehlenden Abstraktion (keineVerwendung von Kartenzeichen bzw. nicht vorhandene Generalisierung) ist die Luftbildkarte nicht eindeutig u. somit nicht lesbar; vielmehr bietet sich wegen der Vielzahl u. Vielfalt abgebildeter Geländeobjekte eine Bandbreite subjektiv möglicher Interpretationsvarianten an. Durch Stereoauswertung der Luftbildkarte ist ein dreidimensionale Betrachtungsweise möglich, so daß sich die Oberflächenstrukturen des Geländes anschaulicher u. aufschlußreicher erschliessen als z.B. allein aufgrund eingetragener Höhenlinien, Signaturen des Bodenbewuchses u.a., wobei der Umfang interpretierbarer Karteninhalte wegen der photographischen Auflösungsgrenze vom Maßstab der jeweiligen Luftbildkarte abhängig ist. Da zudem Verschattungen o. Überdeckungen zu Informationsverlusten führen, empfielt sich insbesondere für landschaftsökologisch orientierte Auswertungen eine kombinierte Verwendung von DGK 5 L u. DGK 5. 13)

Eine im Interesse landschaftsökologischer Untersuchungen liegende noch größere Interpretationsgeschwindigkeit u. v.a. -genauigkeit ermöglichen farbige Luftbildpläne z.B. im Maßstab 1 : 5000, welche jedoch aufgrund der hohen Herstellungskosten u. geringen Nachfrage nur selten erstellt u. eingesetzt werden. 13)

Von beschränkter Bedeutung ist zudem der Einsatz von Satellitenufnahmen. Wie zu Beginn bereits angedeutet, ist neben der Möglichkeit die digitatal erfaßten räumlichen Daten unmittelbar in ein EDV-System einzuspeisen (z.B. Datenbank) auch eine Datenaufbereitung u. anschließende Bildwiedergabe in photographischer Form o. mittels Plotter möglich. Dabei werden neben Schwarzweißbildern v.a. kontrastreiche Rotblauauszüge in Falschfarben (mit ähnlichen Eigenschaften wie die von Infrarotfarbphotos) o. Auszüge in naturnahen Farben erstellt u. verwendet. Satellitenbilder bzw. Satellitenbildkarten liegen für großräumig-landschaftliche Übersichten i.d.R. im Maßstab 1 : 500000 u. bei der Darstellung regionaler Zusammenhänge i.d.R. im Maßstab 1 : 200000 im Blattschnitt der entsprechenden Topographischen Übersichtskarte vor u. werden neben Luftbildern z.B. bei Landnutzungsinventuren eingesetzt. 13)

13) vgl. Schneider, Sigfrid, 1984

2 Auswertung der erfaßten Daten mittels Luftbildinterpretation

Im folgenden soll nun auf Methoden zur Auswertung der mittels Fernerkundung erfaßten Daten eingegangen werden, wobei sich die Darstellung auf grundlegende Ziele der konventionellen Luftbildinterpretation, allgemein übliche Techniken der Auswertung von Luftbildern, Luftbildplänen bzw. -karten u. schließlich auf eine Erläuterung der in diesem Zusammenhang i.d.R. praktizierten systematischen Vorgehens- bzw. Verfahrensweisen bis hin zur Dokumentation bezieht. Darüberhinausgehende fachspezifische Ansätze u. Besonderheiten im Rahmen von Interpretationsmethoden, die im Zusammenhang mit bestimmten praktischen landschaftsökologischen Aufgabenstellungen stehen (z.B. EDV-gestützte Auswertungsmethoden o. die Erfassung digitaler bzw. entsprechend digitalisierter Daten u. deren Speicherung, Weiterverarbeitung bzw. Dokumentation) werden in Kapitel 3 näher erläutert. Der besonderen Bedeutung raumbezogener Informationssysteme (RIS) ist zudem Kapitel 4 gewidmet.

Die Auswertung von Luftbildern, Luftbildplänen bzw. -karten als bedeutende Informationsträger in Bezug auf Arten, Ausprägungen, Verbreitungsmuster sowie kausaler bzw. funktionaler Beziehungsgeflechte der ein begrenztes Gebiet kennzeichnenden Raumelemente (Geländeobjekte) vollzieht sich gewöhnlich in 2 Phasen. Unverzichtbare Voraussetzung jeder tiefergehenden räumlichen Analyse ist immer die Identifikation, also die Erkennung u. Benennung u. zwar möglichst aller räumlichen Elemente bzw. deren Strukturen unabhängig vom jeweiligen Interpretationsziel; zu identifizieren sind dabei sowohl die in Form u. Gestalt auf der Abbildung sichtbaren wie auch die lediglich über kausale bzw. funktionale Beziehungszusammenhänge erschließbaren, also n i c h t sichtbaren Raumelemente. Obwohl die Ermittlung der nicht unmittelbar abgebildeten Geländeobjekte immer gedankliche Rückschlüsse erfordert, ist sie aber noch nicht Bestandteil der eigentlichen Interpretation. Auf Grundlage eines so gewonnenen Gesamtüberblicks über die im Bild direkt o. indirekt erschließbaren Raumelemente u. -strukturen (z.B. Grundrisse, Aufrisse) kann schließlich die eigentliche Interpretation bzw. Bildauswerung beginnen, wobei im allgemeinen mit von Fall zu Fall unterschiedlicher Gewichtung 2 grundlegende Interpretationsziele verfolgt werden. Während bei stärker wissenschaftlich orientierten Untersuchungen die Erklärung von räumlich-zeitlichen Entwicklungsprozessen bzw. prägenden Faktoren der identifizierten Raumelemente u. -strukturen im Vordergrund steht, spielt bei mehr praxis- u. somit auch planungsorientierten Auswertungen in erster Linie die problemorientierte Bewertung des Bildinhalts, also die Beurteilung der erfaßten Geländeobjekte u. Gebietssachverhalte hinsichtlich ihrer Eignung u. Bedeutung für einen speziellen praktischen Zweck eine Rolle. 13)

13) vgl. Schneider, Sigfrid, 1984

2.1 Technik des stereoskopischen Sehens u. dreidimensionale Modellwahrnehmung

Bei Realisierung der o.g. Interpretationsziele im Rahmen des später noch näher zu erläuternden vielschichtigen Auswertungsprozesses bietet sich eine Nutzung der Technik des stereokopischen Sehens an, die eine dreidimensionale Modellwahrnehmung u. entsprechend aufschlußreiche Auswertung des auf 2 Luftaufnahmen abgebildeten Geländes ermöglicht. Zwar läßt sich auch beim Vorliegen verebneter zweidimensionaler Modelle in Form einzelner Senkrechtufnahmen durch das „Umklappen" von Objekten am Bildrand o. einen Verzicht auf Einnordung u. Ausrichtung der abgebildeten Objektschatten zum Auswerter hin bei natürlicher Betrachtungsweise ein gewisser räumlicher Eindruck (Plastizität) erreichen, jedoch ist dieser Effekt qualitativ nicht mit der Informationsbereicherung durch das künstliche stereoskopische Sehen gleichzusetzen. Zur Erzielung dieses künstlichen Stereoeffekts werden 2 aufeinanderfolgende Senkrechtaufnahmen eines Reihenmeßflugs herangezogen, welche sich aufgrund der schnellen Aufnahmesequenz um jeweils zwischen 60 u. 90% überschneiden. Somit liegen Stereopaare vor, die annähernd denselben Geländeausschnitt mit nahezu einheitlichem Maßstab, aber von 2 unterschiedlichen Aufnahmestandorten aus u. unter entsprechend verschiedenen Blickwinkeln wiedergeben. Da bei natürlicher zwei- bzw. dreidimensionaler Wahrnehmung die Sehstrahlen im Normalfall jedoch konvergieren, bedarf es für künstliches stereoskopisches Sehen, bei dem beide Augen getrennt u. zeitgleich auf die zugehörigen Bilder des Stereopaares zu fokussieren sind, technischer Hilfsmittel. Stereoskope mit entsprechenden Linsensystemen ermöglichen dabei eine Parallelisierung der Sehstrahlen, so daß der beide Abbildungen umfassende Geländeausschnitt (Stereogramm) bei ausreichender stereoskopischer Sehfähigkeit des Auswerters in der Vorstellung zu einem einheitlichen dreidimensionalen Geländemodell (Stereomodell) fusioniert u. zudem noch schärfer u. vergrößert betrachtet werden kann. 4) 13)

Als Arbeitsgrundlage für Interpretationszwecke bieten sich den Akteuren der räumlichen Planung also Stereo-Luftbildpaare (je Bild 23 x 23 cm, Originale o. Abzüge), aber auch, soweit für ein bestimmtes Untersuchungsgebiet vorhanden Blätter von Luftbildplänen bzw. -karten (je Blatt 40 x 40 cm, Halbtonkopien auf Papier o. Folie bzw. Lichtpausen auf Normal- o. Kontrastpapier, ggf. auch Vergrößerungen o. Verkleinerungen) mit entsprechenden Stereopartnern an. Bei stereoskopischer Bearbeitung nur eines eng umgrenzten Teilbereichs in Form eines max. 6-7 cm breiten Bildstreifens o. eines entsprechend kleinen Stereopaares kann ein Linsen- o. auch Taschenstereoskop verwendet werden; dieses besteht aus 2 gleichen ungefähr im Augenabstand voneinander angeordneten Sammellinsen u. ermöglicht i.d.R. eine 2-fache Vergrößerung. Zur dreidimensionalen Auswertung kompletter Stereopaare größerer Formate werden

4) vgl. Dodt, Jürgen, 1987 13) vgl. Schneider, Sigfrid, 1984

Spiegelstereoskope erforderlich, welche aufgrund ihrer Konstruktion den Gang der Sehstrahlen beider Augen durch 2-fache Spiegelung so auseinanderziehen, daß sich die Bildmitten des Stereopaares in größerem Abstand voneinander anordnen lassen u. somit auch eine ausreichende Arbeitsfläche für Ausmessungen o. Eintragungen/Kartierungen (z.B. auf Folie) zu Verfügung steht. Ein weiterer Vorteil bei Nutzung dieses technischen Systems für Interpretationszwecke ist die sehr gute Identifizierbarkeit räumlicher Details, welche durch (vom Okularaufsatz abhängige) Vergrößerungen um das 2-8-fache ermöglicht wird. 4) 13)

Bei Ausmessungen von Strecken o. Flächen im Rahmen der Interpretation als Grundlage für Kartierungen (Dokumentation) ist selbstverständlich das Vorliegen eines geometrisch korrekten Stereopaares als Arbeitsgrzundlage ohne Lagefehler bzw. Maßstabsschwankungen (z.B. entzerrte, maßgerechte Orthophotos o. Blätter von Orthophotoplänen) wichtig; bei Vorliegen geometrisch nicht korrigierter Arbeitsgrundlagen können annähernd fehlerfreie Informationen eigentlich nur aus dem zentralen Bereich eines Stereomodells gewonnen werden. Zu problematischen Fehleinschätzungen bei Auswertungen kann schließlich auch die Tatsache führen, daß der Betrachter eines Stereomodells Geländeobjekte u. Oberflächenformen i.d.R. in verzerrtem Vertikalmaßstab, d.h. in der Tiefenwahrnehmung stark überhöht, wahrnimmt. Das Maß der vertikalen Überhöhung resultiert dabei aus der Differenz zwischen dem Abstand der Aufnahmestandorte eines Stereopaares sowie dem Pupillenabstand des Betrachters. Zudem haben das Verhältnis von Aufnahmebasis (Größe des aufgenommenen Areals ist abhängig von der verwendeten Brennweite/Kammerkonstante) u. Aufnahme-/Flughöhe sowie der Betrachtungsabstand der Augen zum Stereogramm (abhängig vom verwendeten Stereoskop) Einfluß auf den jeweiligen Überhöhungsfaktor, der im Normalfall zwischen 2 u. 3,5 liegt. Zur Korrektur solcher überhöhter Tiefenwahrnehmungen, welche zu gravierenden Fehlinterpretationen u. entsprechend falschen Kartierungen führen können, bietet sich das Ausmessen der tatsächlichen Objekthöhen bzw. realen Oberflächenformen mit Hilfe eines Stereomikrometers im Stereogramm an. Alternativ dazu besteht die Möglichkeit einer photogrammetrischen Auswertung mittels spezieller Präzisionsgeräte, die nicht nur eine exakte Vermessung der Vertikalen, sondern zudem eine geometrisch korrekte Ausmessung des abgebildeten Geländegrundrisses auch bei Vorliegen nicht entzerrter u./o. nicht maßgerechter Luftbilder ermöglichen. In jedem Fall darf der sehr aufwendige Einsatz dieser Geräte (wie die Nutzung von Auswertetechniken ganz allgemein) nicht in einem Mißverhältnis zu der der jeweiligen Interpretation zugrunde liegenden Aufgabenstellung stehen. 4) 13)

4) vgl. Dodt, Jürgen, 1987 13) vgl. Schneider, Sigfrid, 1984

2.2 Erläuterung der einzelnen Arbeitsschritte bzw.Vorgehensweise

Die Exaktheit der Identifizierung als Grundlage einer zuverlässigen u. zielgerichteten Interpretation im Rahmen des Auswertungsprozesses hängt neben der Qualität des vorliegenden Bildmaterials (s. Kapitel 1) sowie der Leistungsfähigkeit der eingesetzten Auswertetechnik (s. Kapitel 2.1) ganz entscheidend auch von der Arbeitsleistung des Auswerters ab u. zwar sowohl, was die stereoskopische Sehfähigkeit bzw. das Konzentrationsvermögen des Interpreten wie auch was seine technisch-methodischen, fachlichen o. gebietsspezifischen Kenntnisse angeht. Der Arbeitsgang des Auswertungsprozesses, also die Abfolge der einzelnen Arbeitsschritte (Vorgehensweise) bei der Interpretation von Luftbildern, wird somit von o.g. Faktoren, aber auch vom zeitlichen u. finanziellen Rahmen u. v.a. von der der Interpretation zugrunde liegenden Aufgabenstellung (z.B. Landnutzungskartierung auf der Grundlage von Luftbildern o. Herstellung einer geometrisch u. inhaltlich korrekten Luftbildkarte) mit entsprechender Zielausrichtung bestimmt. 13)

Unabhängig davon sollen im folgenden die wesentlichen Kernaspekte zusammengestellt werden, die eigentlich jeden Auswertungsprozess charakterisieren :

+ Erster die eigentliche Bildanalyse vorbereitender Arbeitsschritt ist im allgemeinen die monokulare Durchmusterung der Luftbilder mittels einer Hand- o. Standlupe mit ausreichender Ver größerungsleistung. Auf diese Weise läßt sich nicht nur kontrollieren, ob das Bildmaterial vollständig u. in für die verfolgte Aufgabenstellung ausreichender photographischer Qualität vorliegt, sondern es bietet sich dem Betrachter nach Zusammenlegen der Aufnahmen zu einem Luftbildindex o. ggf. Montage zu einem Bildmosaik (s. Kapitel 1.3) auch eine erste Gesamtübersicht des zu bearbeitenden Raumes, wobei durch das frühzeitige Erkennen grundlegender Verbreitungsmuster von Geländeobjekten bzw. -sachverhalten, von Kontrasten der Gebietsstrukturierung o.ä. (Groborientierung) die eigentliche Bildanalyse später zielgerichteter erfolgen kann. Parallel dazu wird i.d.R. für den Auswertungszweck zusätzlich benötigtes Arbeitsmaterial wie etwa Fachliteratur, spezielle Statistiken, thematische o. topographische Karten über das Untersuchungsgebiet auf seine Brauchbarkeit (Aktualität, Infogehalt) überprüft u. zusammengestellt. 4) 13)

+ Abhängig von der mit der Auswertung verfolgten Aufgabenstellung besteht einmal die Möglichkeit, die Bildanalyse in Form einer Vollerhebung, d.h. der systematischen Identifizierung aller auf den Abbildungen wiedergegebener Inhalte, methodisch i.d.R. ausgehend von den bekannten zu den unbekannten Bildphänomenen hin, durchzuführen; alternativ dazu ist in einigen

4) vgl. Dodt, Jürgen, 1987 13) vgl. Schneider, Sigfrid, 1984

Fällen aber auch eine stichprobenweise Analyse möglich, welche sich nach dem Zufallsprinzip o. aufgrund bestimmter Gesetzmäßigkeiten (Zufalls- bzw. systematische Stichprobe) auf die Identifikation von Objekten o. Sachverhalten in eingegrenzten Teilbereichen beschränkt. Dem Vorteil einer teilweise erheblichen Zeitersparnis gegenüber Vollerhebungen steht eine (allerdings abschätzbare) Fehlerhaftigkeit von Stichprobenuntersuchungen entgegen. 4) 13)

+ Für eine (wie auch immer geartete) Bildanalyse, d.h. die inhaltliche Erschließung von Luftbildern, bedarf es der Identifikation aller relevanten Objekte bw. Sachverhalte, konkret also deren Erkennung sowie deren Kategorisierung u. Benennung. Im Rahmen des Identifizierungsprozesses erfolgt eine eingehende Untersuchung bestimmter auf einem Luftbild sichtbarer Objektmerkmale bzw. deren spezieller Ausprägungen; dazu zählen in erster Linie die Lage (Verortung) der einzelnen Bildobjekte im Raum sowie deren Zuordnung, ihre Formen (i.d.R. der Objektgrundrisse, am Bildrand o. teilweise bei stereoskopischer Betrachtung auch der Aufrisse) u. Abmessungen (nach Länge, Breite u. Höhe) sowie deren Tönung (bei Schwarzweißaufnahmen der Grautonstufen, bei Farbbildern der Farbtönung, -sättigung bzw. Helligkeit) u. deren Texturen o. auch Strukturen. Letzteres Objektmerkmal ist als Feinstrukturierung/Kleinmusterung der vom Betrachter auf den ersten Blick als einheitlich wahrgenommenen Bildflächen zu verstehen u. setzt sich aus Punkten, Linien o. Flächen/Flecken zusammen, wobei diese Texturkomponenten mit größer werdendem Maßstab immer stärker sichtbar werden. Die bereits in Kapitel 2.1 erwähnten Schattenwürfe bzw. der stereoskopische Effekt sind dabei nicht als eigenständige Objektmerkmale einzuordnen, sondern sind vielmehr, da sie sich auf alle o.g. Merkmale beziehen, als spezielle, durchaus identifizierungsrelevante Merkmalaspekte o. - ausprägungen anzusehen. 4) 13)

+ Der Identifizierungsprozess kann sich auf Grundlage der o.g. Faktoren auf 3 verschiedene, in der Praxis jedoch vielfach nicht voneinander zu trenende Arten vollziehen; die zuverlässigste Objektansprache mit der geringsten Fehlerquote ist dabei mit der direkten Identifikation zu erreichen, welche aber nur bei Vorliegen eindeutiger Bildmerkmale, d.h. zweifelsfrei erkennbarer Merkmalsausprägungen u. entsprechender unbewußter Umsetzung in Objektmerkmale bzw. anschließender Zuordnung zu realen Raumelementen (Gländeobjekte/-sachverhalte) gelingt. Eine indirekte Identifizierung wird notwendig, wenn die Bildmerkmale nicht eindeutig sind, so daß der Umsetzungsprozeß in Objektmerkmale (also die Zuordnung zu einzelnen Sachkategorien) einen komplizierten Denkprozeß (z.B. Vergleichen u. Abwägen der Bildmerkmale) erfordert, wobei dann aber eine zuverlässige Benennung bzw. das Feststellen der Identität von Geländeobjekten/-sachverhalten sehr schwer o. gar nicht möglich ist. Noch unsicherer gestaltet sich dieIdentifizierung mittels Indikatoren, da hier das Existieren exakt bekannter Beziehungszusammenhänge zwischen den als Indikatoren fungierenden Bildmerkmalen sowie den

4) vgl. Dodt, Jürgen, 1987 13) Schneider, Sigfrid, 1984

zu identifizierenden realen Raumelementen Grundvoraussetzung ist. Entscheidend für Genauigkeit u. Zuverlässigkeit einer Identifizierung ist aber in jedem Fall der Kenntnishorizont des Auswerters, denn nur wenn ihm die sichtbaren Bildinhalte bzw. notwendigen Beziehungszusammenhänge zu nicht sichtbaren Raumelementen vertraut sind, er sie also in ihrer Erscheinung w i e d e r erkennt bzw. folgerichtige Rückschlüsse zieht, gelingt die für eine Identifizierung entscheidende Umsetzung der Bildmerkmale in reale Raumelemente u. somit ihre Benennung. Das schlichte Erkennen u. Beschreiben des Bildinhalts reicht dagegen nicht aus, da die Objekte/Sachverhalte konventioneller Luftbilder wie gesagt nicht z.B. mittels einer Legende erläutert sind. 4) 13)

+ Auf Grundlage der oben beschriebenen ersten Analyse der Luftbilder wird i.d.R. aber ein sog. Photoschlüssel entwickelt, welcher die Funktion eines Hilfsmittels bei der Objektidentifikation als Grundlage für die anschließende Interpretation hat u. daher häufig auch als Interpretationsschlüssel bezeichnet wird. Zu unterscheiden ist dabei die Verwendung von sog. Vergleichs-o. Auswahlschlüsseln, welche eine vollständige Auswahl von für ein bestimmtes Untersuchungsgebiet o. einen speziellen zu untersuchenden Sachverhalt typischen, auf der Abbildung sichtbaren Objektmerkmalen sowie deren wichtigste Merkmalsausprägungen in beschreibenden Texten bzw. Stereobildausschnitten o.ä. zusammenstellen, von den sog. Eliminationsschlüsseln; während bei o.g. Schlüssel die Identifikation aller für einen bestimmten Raum bzw. Sachverhalt relevanten Objekte (daher auch Regional- bzw. Sachschlüssel) durch eine vergleichende Auswahl zwischen Bild- u. Schlüsselinhalt geschieht, vollzieht sich die Identifizierung von Objekten/Sachverhalten bei letztgenanntem Schlüssel ausgehend von einer Zahl typischer Bildmerkmale bzw. Merkmalausprägungen durch eine Abfolge von Entscheidungsalternativen u. entsprechender Auswahl bzw. Elimination von Merkmalen/Ausprägungen durch fortschreitende spezieller werdende Eingrenzung. Durch zielgerichtete Geländekontrollen werden die Schlüssel auf ihre Benutzbarkeit für das jeweilige Untersuchungsgebiet bzw. die Aufgabenstellung überprüft, ggf. korigiert u. sind dann ein gutes Hilfsmittel für die systematisch-inhaltliche Erschließung von Luftbildern bzw. eine entsprechende Dokumentation (z.B. Kartierung); wird für die Bildanalyse kein Schlüssel benötigt, kann eine Kartierung natürlich auch unmittelbar erfolgen. 4) 13)

+ Eine sich anschließende Geländekontrolle dient der Überprüfung der vorläufigen Kartierung, wobei neben obligatorischen Stichproben speziell die Objekte/Sachverhalte zu erkunden sind, die in den Luftbildern auch mit Hilfe eines Schlüssels nicht identifiziert werden konnten sowie eine Geländeüberprüfung von im Bild nicht zweifelsfrei erkannter u. benannter Inhalte. 4) 13)

4) vgl. Dodt, Jürgen, 1987 13) vgl. Schneider, Sigfrid, 1984

+ Im Rahmen der Korrektur der vorläufigen Kartierung kann also für bestimmte korrekturbedürftige Teilräume o. Sachverhalte eine wiederholte, ggf. tiefergehende Bildanalyse notwendig werden, bevor die endgültige Kartierung möglich wird. Auf Grundlage dieser endgültigen kartographischen Darstellung der Bildanalyse erfolgt dann schließlich die „eigentliche Interpretation" von Geländeobjekten/-sachverhalten, also die Erklärung bzw. die Bewertung hinsichtlich eines praxisbezogenen Zwecks. 4) 13)

Es bleibt in jedem Fall festzuhalten, daß ein an o.g. Kriterien orientiertes systematisch-methodisch durchgeführtes Auswertungs- bzw. Interpretationsverfahren von Luftbildern eines bestimmten Untersuchungsraumes, als Teil- noch mehr wie als Vollerhebung, gegenüber einer ausschließlich terrestrischen Bestandserfassung den entscheidenden Vorteil hat, etwa zwischen 30 u. 50% weniger Zeit zu beanspruchen. 13)

3 Anwendung von Fernerkundungsverfahren zur Datenbeschaffung für eine landschaftsökologisch orientierte Auswertung, entsprechende Planungen u. Maßnahmen

Nachdem in Kapitel 1 verschiedene Verfahren u. Produkte der Fernerkundung dargestellt u. in Kapitel 2 Ziele sowie die im allgemeinen praktizierte technisch-methodische Vorgehensweise bei Auswertung der Fernerkundungsdaten erläutert wurden, soll im folgenden nunmehr anhand ausgewählter Beispiele aus der landschaftsökologischen Planungspraxis ein konkreter Anwendungsbezug hergestellt werden. Die in den Beispielen geschilderten verschiedenen Möglichkeiten der Erfassung, Auswertung u. Dokumentation von landschaftsökologisch relevanten Daten lassen sich insgesamt unter 3 verschiedenen Aspekten zusammenfassen. Zum einen ist die Realnutzungsinventur auf der Grundlage von Luftbildern bzw. Satellitenaufnahmen zu nennen, bei der flächenhaft die Nutzungsstrukturen eines bestimmten Gebietes zusammengestellt u. digitalisiert werden, so daß damit die Basis für eine Flächenbilanzierung bzw. die Herstellung thematischer Karten u. somit eine Bewertungsgrundlage u.a. auch für die Landschaftsplanung geschaffen wird. Zum anderen dient die Erhebung von Fernerkundungsdaten der Darstellung u. Bewertung von Oberflächenstrukturen, so z.B. der Bodenbedeckung in Verbindung mit dem Geländerelief o. des Landschaftsbildes, insgesamt also des vorhandenen naturräumlichen Potentials sowie 3. schließlich der Bewertung u. Dokumentation von Beeinträchtigungen/ Belastungen des Naturhauhalts, konkret von Vegetationsschädigungen als Basis für Landschaftsplanung bzw. landschaftpflegerische Maßnahmen.

4) vgl. Dodt, Jürgen, 1987 13) vgl. Schneider, Sigfrid, 1984

3.1 Flächenhafte Realnutzungskartierung als Grundlage der örtlichen bzw. überörtlichen Landschafts-(rahmen-)planung

Die Notwendigkeit der Erfassung u. Auswertung auf örtlicher bzw. überörtlicher Ebene existierender flächenhafter Nutzungsstrukturen als Basis für eine landschaftsökologische Planung ergibt sich aus der v.a. in Verdichtungsräumen u. Entwicklungsachsen nach wie vor vorhandenen, jedoch stark variierenden Nachfrage nach vielfältig nutzbaren Flächen. Speziell dort, wo viele Menschen mit ihren Bedürfnissen auf engem Raum zusammenleben, kommt es zu einer Überlagerung von Nutzungsansprüchen im Bereich bestimmter Flächen u. somit zu Nutzungskonflikten. Zu diesen Konflikten sind aber nicht nur konkurrierende Nutzungsansprüche verschiedener Bevölkerungsgruppen zu zählen, sondern v.a. auch der vielerorts aufbrechende Grundkonflikt zwischen der Notwendigkeit eines intakten Naturhaushalts als Grundlage jeder menschlichen Existenz einerseits sowie den Belastungen durch eine anthropogene Überformung von Flächen auf der anderen Seite. Belastungen bzw. Beeinträchtigungen können dabei nicht nur von Schädigungen des Ökosystems z.B. durch Luftschadstoffe in Verbindung mit Niederschlägen u. Bodenzerstörungen herrühren (z.B. Vegetationsschäden), sondern sind vielfach auch das Ergebnis eines unkontrollierten Ressourcenverbrauchs (z.B. Flächenverbrauch). 3) 13)

Gerade in diesem Zusammenhang sind kommunale bzw. regionale Land-/ Flächennutzungsinventuren von großer Bedeutung, da mit deren Hilfe eine periodische Überprüfung von Veränderungen der realen Flächennutzung in einem bestimmten räumlich begrenzten Untersuchungsgebiet möglich ist. Der Vergleich des Ist-Zustands der Flächennutzung zu festgelegten Untersuchungszeitpunkten ermöglicht dabei eine Verbrauchsrechnung, welche mit weitgehender Genauigkeit den Umfang ermittelt, in dem freie Landschaft (z.B. landwirtschaftliche Nutzfläche, naturnahe Flächen) in Siedlungsfläche (z.B. bebaute Fläche, Verkehrsfläche, Ver- u. Entsorgungsflächen) umgewandelt worden ist. Die sich daraus rechnerisch ergebende Flächenbilanz hält das flächenmäßige Ausmaß von Nutzungsänderungen fest u. ist somit eine aussagekräftige Grundlage für eine geordnete planerische Weiterentwicklung des jeweiligen Untersuchungsgebiets; von Bedeutung sind die räumlichen Daten v.a. für eine Ermittlung der Veränderung der ökologischen Gesamtbelastung des Gebiets u. somit für eine wirkungsvolle Landschafts-(rahmen-)planung mit dem Ziel eines Abgleichs anthropogener Nutzungsinteressen mit der Notwendigkeit eines nachhaltig schonenden Umgangs zum dauerhaften Erhalt von Natur- u. Landschaftspotential. 3) 13)

Für die Bestandsaufnahme realer Flächennutzungen eines Untersuchungsgebietes nach Art, Größe u. Lage bzw. für deren Korrektur u. Fortschreibung bieten sich grunsätzlich 2 Verfahren an :

3) vgl. Bundesminister f. Raumordnung, Bauwesen, Städtebau, 1979 13) vgl. Schneider, Sigfrid, 1984

Zum einen besteht die Möglichkeit, die Nutzungsstrukturen bzw. deren Veränderung mittels periodisch zu erstellender konventioneller Reihenmeßbilder zu erfassen bzw. fortzuschreiben, wobei dann i.d.R. IR-Farbaufnahmen in den Maßstäben 1 : 10000, 1 : 13000 o. 1 : 25000 verwendet werden. Um bei der Luftbildinterpretation eine einheitlich-systematische Identifizierung, also Erkennung, Zuordnung u. Bennenung der großen Anzahl abgebildeter Typen von Flächennutzungen sicherzustellen wird ein nach zahlreichen Kriterien differenzierter Nutzungsartenkatalog (NA-Katalog) erstellt; dieser berücksichtigt i.d.R. die Nutzungsklassen der durch die Vermessungsämter erstellten Liegenschaftskataster (Unterscheidung nach 10 Hauptnutzungsklassen mit jährlicher Fortschreibung) u. der Bodennutzungserhebung des jeweiligen Statistischen Landesamtes sowie ergänzend dazu im Sinne einer auch für die Siedlungsgebiete ausreichenden Differenzierung Unterscheidungsmerkmale der BauNVO. Bei Interpretation bzw. Auswertung des Luftbildmaterials mit Hilfe eines Spiegelstereoskops erfolgt dann ein Eintrag von Flächennutzungsdaten wie Nutzungsart (mit entsprechender NA-Nummer) sowie Umgrenzung (Größe, Lage) u. zudem von territorialen Grenzen z.B. auf Deckfolie einer topographischen Kartengrundlage, wobei bei Flächennutzungskartierungen als Grundlage für kommunale Planungszwecke (Bauleitplanung bzw. Landschaftsplanung) im Maßstab 1 : 10000 u. bei Realnutzungserhebungen zum Zwecke der Regional-/Gebietsentwicklungsplanung bzw. Landschaftsrahmenplanung i.d.R. in den Maßstäben 1 : 25000 o. 1 : 50000 kartiert wird. Die gewonnenen Realnutzungsdaten lassen sich darüberhinaus zur Aktualisierung der topographischen Karten des Erhebungsgebiets sowie als Zahlenmaterial für statistische Zwecke nutzen. Entsprechend den unterschiedlichen den Karten zugrunde liegenden Nutzungszwecken ist auch der Detaillierungsgrad der NA-Kataloge verschieden; finden für kommunale Nutzungskartierungen z.B. 50 Nutzungsarten Berücksichtigung, so werden im regionalen Bereich häufig lediglich 30-40 Nutzungsarten unterschieden. Um Fehlklassifikationen weitestgehend zu vermeiden u. einen möglichst hohen Genauigkeitsgrad bei der Luftbildinterpretation zu erzielen, werden für Grenzfälle, in denen eine Nutzungsklassifikation Schwierigkeiten bereitet, oftmals Erläuterungstexte zum Nutzungsartenkatalog erstellt bzw. Schrägaufnahmen o. Stadtpläne hinzugezogen; außerdem finden stichprobenweise Überprüfungen mittels Geländekontrollen (Feldvergleich) statt. 3) 9) 13)

Um die große Datenmenge aus der Realnutzungskartierung für kommunale bzw. regionale Planungszwecke effektiv nutzbar zu machen, müssen benötigte Informationen aus dem Datenbestand ohne übermäßigen Arbeits- u. Zeitaufwand jederzeit selektiv abruf- u. weiterverarbeitbar sein. Dabei besteht die Möglichkeit, ein EDV-gestütztes Geo-Informationssystem (GIS = Datenbank u. Anwenderprogramme) aufzubauen. Zu diesem Zweck müssen die räumlichen Daten der Kartengrundlage mit Hilfe eines Scanners (Umwandlung der geometrischen Flächennutzungsdaten,

3) vgl. Bundesminister, 1979, 9) vgl. Kellersmann, Henning, 1987 13) vgl. Schneider, Sigfrid, 1984

d.h. von Lage, Größe, Umgrenzung der Flächen von einem Raster- in ein Koordinatenbild) bzw. eines Digitizers (Erfassung von Flächennutzungsdaten per Hand als auf einen Gebietsmittelpunkt bezogene Koordinaten) digitalisiert, d.h. koordinatenmäßig erfaßt werden. Es ist auch möglich, die raumbezogenen Daten unmittelbar aus dem Bildflugmaterial heraus zu digitalisieren. Eine leistungsfähige Koordinatenbank mit aussagekräftigem Analysematerial enthält über die geometrischen Rauminformationen hinaus die verschiedenen Nutzungsarten (mit NA-Nummern) sowie Infos über die jeweilige territoriale Zugehörigkeit u. läßt sich dann nicht nur für Rechenarbeiten (z.B. automatische Flächenberechnungen u. bei Speicherung von Nutzungsdaten verschiedener Erhebungszeiträume entsprechende Flächenverbrauchsrechnungen zur Erstellung von Flächenbilanzen), sondern auch für den rechnergestützten Ausdruck der realen Nutzungsverteilung eines Raumes als farbcodiertes Kartenblatt sowie für die Herstellung (automatische Zeichnung) thematischer Karten (Plotterausdrucke von Nutzungsbeständen) z.B. zur Anlage/Fortschreibung verschiedener Kataster wie z.B. Freiflächenkataster o. als Bewertungsgrundlage für die Landschafts-(rahmen-) planung nutzen. 3) 9) 13)

Ein zweites, rein digitales Verfahren zur Bestandsaufnahme der realen Nutzungsverteilung von Flächen bzw. zur Weiterverarbeitung von Flächennutzungsdaten verzichtet auf die relativ kosten- u. zeitaufwendigen Befliegungen mit anschließender stereoskopischer Luftbildinterpretation sowie Kartierung u. ersetzt dieses Verfahren durch eine schnell umsetzbare rechnergestützte Klassifizierung (EDV-mäßige Erkennung u. Zuordnung) von kostengünstigeren Satellitenbilddaten aus einem Orbit (z.B. System DIBIAS); diese Daten stehen in bestimmten zeitlichen Abständen zum Abruf bereit, bieten aber nicht eine vergleichbare Datendichte bzw. Aufnahmequalität wie etwa analoge Luftbilder. Bei Nutzung eines digitalen Auswertungsverfahrens, welches die Klassifizierung auf Grundlage aufgenommener Spektraleigenschaften vornimmt, besteht bei Auswertung von Satellitenaufnahmen also die Notwendigkeit, die Anzahl von Nutzungsarten stark zu reduzieren bzw. diese zu wenigen Nutzungsklassen zusammenzufassen (z.B. System DIBIAS : Dichte Bebauung -- Lockere Bebauung -- Acker -- Grün-/Gartenland -- Weinbau -- Laubwald -- Nadelwald -- Gewässer = 8 Klassen); dies erweist sich aufgrund von Fehlklassifikationen in Grenzbereichen besonders auf kommunaler bzw. regionaler Ebene als problematisch. Zudem ist auch der jahreszeitlich bedingte Vegetationszustand zum jeweiligen Aufnahmezeitpunkt zu berücksichtigen, da dieser Einfluß auf die spektrale Reflexion u. somit die Genauigkeit der Klassifikation von Satellitenbilddaten hat (digitale Weiterverarbeitung /Dokumentation s.o.). 3)

3) vgl. Bundesminister, 1979 9) vgl. Kellersmann, Henning, 1987 13) vgl. Schneider, Sigfrid, 1984

3.2 Erkundung sowie klimatisch-ökologisch-hygienische Bewertung von Oberflächenstrukturen mit Hilfe von Luftbildern

Während die im Rahmen von Flächennutzungsinventuren angewendeten oben geschilderten Fernerkundungs- bzw. Auswertungsverfahren der Analyse u. Dokumentation räumlich-zeitlicher Entwicklungen bzw. prägender Nutzungsstrukturen eines Raumes dienen (dokumentiertes Analysematerial = Bewertungsgrundlage z.B. für die Landschaftsplanung), wird im nachfolgend beschriebenen, gleichfalls planerisch-praxisorientierten Verfahren im Zuge des Auswertungsprozesses über die vorzunehmende Analyse hinausgehend eine frühzeitige, problemorientierte Bewertung der erkundeten räumlichen Informationen, also die Beurteilung hinsichtlich eines bestimmten, hier umweltrelevanten Zwecks, vorgenommen, wobei diese dann bereits Bestandteil der Dokumentation ist. Konkret gesagt ermöglicht die Ermittlung von Oberflächenstrukturen (z.B. der Bodenbedeckung in Verbindung mit dem Relief bzw. dem Landschaftsbild) mit Hilfe von Luftbildern das zügige Schaffen einer aktuellen Übersicht über Quantität u. klimatische, ökologische sowie lufthygienische Qualität existierender Flächen, insbesondere der Grünausstattung eines bestimmten Untersuchungsgebietes. Von Bedeutung ist eine solche Untersuchung von Oberflächenstrukturen, also die flächendeckende u. differenzierte Erfassung, Analyse u. Bewertung aller privaten u. öffentlichen Grünformen sowie von versiegelten u. überbauten Flächen (z.B. eines ausgewählten Stadtgebietes) für die Stadt- u. Regionalplanung im allgemeinen sowie die Landschaftsplanung bzw. Landschaftspflege im besonderen (z.B. Erstellen von Präferenzlisten o. Berechnung der Auswirkung verschiedener Planungsalternativen u. somit Optimierung von Planungen u. Maßnahmen). In diesem Zusammenhang wird die Unterscheidung nach ein bestimmtes Gebiet klimatisch-ökologisch-hygienisch günstig o. ungünstig, also vorteilhaft bzw. nachteilig beeinflussenden Oberflächenstrukturen i.d.R. auf der Grundlage von IR-Farbluftbildern (Reihenmeßkammeraufnahmen) im Maßstabsbereich von 1 : 2500 - 1 : 5000 vorgenommen, weil sich bei solchen Aufnahmen die für eine Analyse u. Bewertung besonders wichtigen Vegetationsformen sehr deutlich (in satten Rottönen) von den übrigen Oberflächenstrukturen abheben; zur Erfassung derartiger Raumdaten können jedoch auch konventionelle Farbfilme o. panchromatisches Filmmaterial verwendet werden. 13)

Die Interpretation (Analyse u. Bewertung) erfolgt dann mittels Spiegelstereoskop, wobei als aus klimatischer, ökologischer u. lufthygienischer Sicht günstig wirkende Oberflächenstrukturen (sog. Gunstflächen) offene, wasserdurchlässige Flächen ohne Vegetation (z.B. unversiegelte Wege), Wasserflächen, intensiv land- u. forstwirtschaftlich o. gärtnerisch genutzte bzw. sonstige Grünflächen z.B. in Form von W iesen u. Dauergrünland, mit Bäumen o. Sträuchern bestandene Flächen (u.a. auch Brachflächen) etc. anzuführen sind. Im Umkehrschluß ergeben sich als sog.

13) vgl. Schneider, Sigfrid, 1984

Ungunstflächen alle versiegelten, wasserundurchlässigen Oberflächen wie etwa versiegelte Freiflächen (z.B. asphaltierte bzw. betonierte Verkehrs-/Erschließungsflächen) o. bebaute Flächen. Die Bewertung der Gunstflächen wird mit Hilfe eines sog. Kennzeichnungs- u. Bewertungsschlüssels vorgenommen, welcher die sich auf ein bestimmtes Gebiet klimatisch-ökologisch-hygienisch positiv auswirkenden Oberflächenstrukturen, ausgehend von einer jeweils festgelegten Grundbewertung, nach 66 verschiedenen Unterscheidungskriterien (z.B. spezielle klimatische/ökologische Gunstfaktoren o. etwa Überlagerungen von Gunstflächen, aber auch Berücksichtigung des Vitalitätszustandes der Vegetation) differenziert. Eine Beurteilung von Ungunstflächen erfolgt i.d.R. nach Umfang der versiegelten Fläche bzw. Volumen des umbauten Raumes, wobei auch für die Lufthygiene bedeutsame Größen wie das Straßenverkehrsaufkommen o. die Abwärme von Gebäuden berücksichtigt werden. Auf Grundlage dieser Bewertungsparameter läßt sich eine thematische Karte der Oberflächenstruktur (mit Gunst- u. Ungunstflächen) eines bestimmten Untersuchungsgebietes (z.B. Stadtgebiet) entsprechend dem Luftbildmaßstab erstellen. 13)

Darüberhinaus lassen sich für kleinere, kompakte Untersuchungseinheiten (z.B. Baublöcke) klimatisch-ökologisch-hygienischen Werte (die sog. KÖH-Werte) errechnen, welche z.B. mit Hilfe eines speziellen Erhebungsbogens ermittelt werden. Dazu werden zunächst die Gunstwerte der o.g. offenen, unversiegelten Flächen sowie von Sonderflächen (z.B. Dach- u. Fassadenbegrünungen), also die Werte aller Gunstflächen, welche sich aus den m^2-Zahlen der Einzelflächen u. alternativ angewendeten Multiplikatoren (abhängig von der jeweils vorgenommenen Bewertung der Einzelflächen wie Grundbewertung , Bewertung bei besonderen Gunstfaktoren bzw. bei Vegetationsschädigungen) ergeben, zum Gesamt-Gunstwert der Untersuchungseinheit zusammengefaßt. Anschließend wird der Ungunstwert aus den m^2-Zahlen der einzelnen Ungunstflächen u. Multiplikation mit dem Faktor 2,5 (z.B. bei versiegelten Freiflächen) bzw. der jeweiligen Gebäudehöhe (bei überbauten Arealen) ermittelt. Der KÖH-Wert wird schließlich als Verhältniswert aus Gunst- u. Ungunstwert der jeweiligen Untersuchungseinheit beschrieben. Zudem lassen sich bezogen auf die Untersuchungseinheit weitere bedeutsame Verhältniswerte wie z.B. der Versiegelungsgrad, prozentuale o. absolute Anteile bestimmter Oberflächenformen, durchschnittliche Gebäudehöhen u.a. errechnen. Um aus den KÖH-Werten einzelner Untersuchungseinheiten nunmehr deren umweltqualitative Bedeutung (z.B. innerhalb eines Stadtgebiets) herleiten zu können, wurde ausgehend vom Wert 0,00 eine Klassifizierung des KÖH-Wertes nach 9 verschiedenen Klassen vorgenommen, wobei beginnend mit Klasse I je 3 KLassen als Ungunstbereich, Übergangsbereich bzw. als Gunstbereich definiert wurden. 13)

13) vgl. Schneider, Sigfrid, 1984

Eine flächendeckende (z.B. stadtweite) Berechnung von KÖH-Werten u. somit Ermittlung der klimatisch-ökologisch-hygienischen Stellung von Untersuchungseinheiten ist am einfachsten EDV-gestützt auf Basis einer raumbezogenen Datenbank mit Hilfe eines speziellen Programms in einem GIS möglich. Zur Erfassung in einer solchen Datenbank müssen zunächst die Inhalte der o.g. Kartengrundlage digitalisiert werden. Die aufgrund des Datenmaterials rechnergestützt ermittelten KÖH-Werte werden dann automatisch klassifiziert u. können schließlich in Form eines Computer-Plotts der Gunst- u. Ungunstbereiche des Untersuchungsgebiets dokumentiert werden. 13)

3.2.1 Kartierung von Brachflächen

Nachdem unter 3.1 bei Erläuterung der flächendeckenden Realnutzungsinventur (zur Anlage/Fortschreibung verschiedener Kataster, dazu s. auch 3.2.1 u. 3.2.2) bereits Dokumentationsmöglichkeiten in Form analoger o. digitaler Flächennutzungskartierungen sowie automatisch erstellter thematischer Karten sowie zudem der EDV-gestützten Bilanzierung von Flächennutzungsveränderungen (allesamt als Analysematerial für einen sich ggf. anschließenden Bewertungsprozeß) u. in 3.2 die Dokumentation flächenhaft analysierter u. bewerteter Oberflächenformen mittels manuell bzw. per EDV erstellter thematischer Karten eines bestimmten Untersuchungsgebiets beschrieben wurden, thematisieren die nachfolgenden Unterpunkte Erkundung, Identifikation/Analyse sowie Bewertung u. Dokumentation ausgewählter, landschaftsökologisch relevanter Teilräume, so z.B. von Brachflächen :

+ Für die räumliche Planung, insbesondere als Grundlage landschaftsplanerischer Entscheidungen bzw. landschaftpflegerischer Maßnahmen sind Informationen über das vorhandene räumliche Verteilungsmuster von Brachflächen sowie deren Erscheinungsformen bzw. spezifische Standortbedingungen von Bedeutung; dies deshalb, weil sowohl das Verbreitungsgefüge wie auch der räumlich-zeitliche Entwicklungszustand (z.B. Zusammensetzung u. räumliche Anordnung von Arten bzw. Veränderungen der Brachevegetation innerhalb eines bestimmten Zeitraums) u. die jeweils gegebenen Standortbedingungen (z.B. örtliches Klima, Bodenbeschaffenheit in Verbindung mit Reliefgliederung, vorhandenes Gewässernetz, existierende Parzellierung umliegender Freiflächennutzungen bzw. von Erschließungen u. Bebauungen) von Brachen Einfluß auf den Landschaftshaushalt eines großräumigen Untersuchungsgebietes haben. 13)

+ Als Brachflächen werden allgemein Flächen bezeichnet, die ehemals landwirtschaftlich genutzt wurden u. nun seit mehr als 1 Jahr aufgegeben u. der Sukzession überlassen worden sind (Inbesitznahme der Fläche durch Spontanvegetation) ; zu den Brachen sind aber auch ehemals

13)vgl. Schneider, Sigfrid, 1984

forstwirtschaftlich genutzte Fläche o. vorher auf andere Weise genutzte Areale (z.B. Verkehrs- bzw. Stadtbrachen) zu zählen, wobei die natürliche, unkontrollierte Vegetationsenticklung u. somit die Erscheinungsform bzw. der Entwicklungszustand einer Brache entscheidend von der jeweiligen Vornutzung, dem Brachealter u. den o.g. speziellen Standortbedingungen abhängt. 13)

+ Die Erfassung von Brachen geschieht mit Hilfe von Luftbildern, welche zur Analyse des räumlichen Verteilungsmusters im Rahmen der Luftbildinterpretation, abgesehen von Ausnahmen wie z.B. bei extensiv genutztem Weideland, eine weitgehend exakte Abgrenzung der Brachflächen von den umliegenden, verschiedenartig genutzten (Grün-)Flächen ermöglichen. Für Unterscheidungszwecke nutzbare charakteristische Erscheinungen bei Grünlandbrachen bzw. durch Vegetation dominierte Brachen sind z.B. eine Veränderung der Artenzusammensetzung (Verschiebung der Artendominanz) bzw. der räumlichen Anordnung der Brachevegetation bishin zur großflächigen Verbuschung o. etwa die auf ungenutzten Böden gebildete u. in Form einer Streuauflage abgelagerte Pflanzenmasse, die zudem die Wiederbegrünung im Frühjahr verzögert. Für eine umfassende Vegetationsanalyse (Artendifferenzierung, Veränderungen bei Zusammensetzung u. Anordnung) bzw. zur Erfassung der vorhandenen Standortbedingungen (Standortanalyse) bedarf es darüberhinaus spezieller vegetationskundlicher, klimatischer, geologischer, hydrologischer sowie bauleitplanerischer Fachkenntnisse. 13)

+ Die Luftbildinterpretation verfolgt nach o.g. Kriterien das Untersuchungsziel der räumlichen Ausgliederung von Brachflächen u. ermöglicht z.B. mit Hilfe eines Luftbildumzeichners am besten auf der Grundlage großmaßstäbiger Farb- bzw. Infrarotfarbbilder (Reihenmeßkammeraufnahmen im Maßstabsbereich 1 : 2000 - 1 : 5000 mit hoher Auflösung) eine lage- u. maßstabstreue, insgesamt also grundrißtreue Kartierung des Bildinhalts. Als besonders geeigneter Aufnahmezeitraum für eine zuverlässige Identifiktion u. somit differenzierte Analyse von Brachflächen hat sich der „farbenreiche Herbst“ erwiesen, womit auch der Nachteil von Schwarzweißluftbildern deutlich wird. Als ergänzende Interpretationshilfe (z.B. zur exakten Erfassung räumlich-zeitlicher Veränderungen der Brachevegetation /vonVeränderungsdaten im Rahmen von Sukzessionskontrollen) bieten sich Schrägluftbilder (Hasselbladaufnahmen) im Maßstab von 1 : 4000 - 1 : 10000 an, welche schnell u. mit relativ geringem Kostenaufwand herstellbar sind u. eine detaillierte Vegetationsanalyse ausgewählter Teilflächen ermöglichen. 13)

+ Aus der Luftbildinterpretation in Verbindung mit notwendigen Geländekontrollen bzw. ergänzenden terrestrischen Erhebungen gewonnene räumlich-zeitliche Informationen wie Lage, Entwicklungszustand sowie bestimmende Standortfaktoren von Brachflächen eines Untersuchungsgebietes werden schließlich mittels Brachflächenkartierung z.B. in Form von

13) vgl. Schneider, Sigfrid, 1984

Vegetationskarten einzelner Brachen (ggf. für Anlage/Fortschreibung eines Brachflächenkatasters o. auch zum Aufbau einer entsprechenden raumbezogenen Datenbank; näheres dazu unter 3.2.2) dokumentiert u. ermöglichen so eine Bewertung der Brachevegetation sowie lokaler Standortfaktoren. Die Ergebnisse des Bewertungsprozesses dienen dann als Entscheidungsgrundlage für landschaftsökologische Planungen bzw. Maßnahmen z.B. hinsichtlich des zukünftigen Umgangs (wie Bebauung, Freizeitnutzung, land-o. forstwirtschaftliche Nutzung, Nicht-Nutzung bei zielgerichteter Brachflächenpflege, völlige Sukzession u.a.) mit ungenutzten Flächen. 13)

3.2.2 Kartierung von Biotopen

Als weiteres Anwendungsbeispiel der klassischen Form der Fernerkundung, also für die Nutzung von Luftbildern zur Erkundung, Interpretation bzw. Dokumentation raumbezogener landschaftsökologischer Daten ist die photographische Erfassung, Identifikation bzw. Analyse, d.h. konkret die Erkennung, kategorisierende Einordnung/Benennung u. somit mögliche räumliche Abgrenzung sowie schließlich die Kartierung von Biotopen in Verbindung mit einer Bewertung zu nennen.

+ Eine durch spezifische lokale Standortfaktoren wie etwa Kleinklima, Bodenbeschaffenheit in Verbindung mit dem örtlichen Relief bzw. Wasserhaushalt u.a. charakterisierte Fläche wird dann als Biotop definiert, wenn sie eine klar erkennbare u. abgrenzbare realexistierende Lebensgemeinschaft aus Flora u. Fauna (Biozönose) beherbergt u. zusammen mit ihr als Ökosystem funktioniert. Nach dieser Definition können, wenn sie durch eine einheitliche Biozönose gekennzeichnet sind, welche in ihrer realen Ausdehnung zudem eindeutig abgrenzbar sein muß, natürlich auch o.g. Brachflächen ganz o. teilweise Biotopcharakter haben bzw. können hinsichtlich ihres biologisch-ökologischen Wertes weiter klassifiziert werden, sie müssen es aber nicht (z.B. Nichterfüllen der definitorisch festgelegten natürlichen Biotopvoraussetzungen). Dasselbe gilt im übrigen auch für die in Kapitel 3.2.3 näher erläuterte ökologische Bedeutung von Fließgewässern. 8)

+ Vor dem Hintergrund des breiten Nutzungsspektrums von Luftbildern ist die Identifikation, räumliche Abgrenzung u. Bewertung von Biotopen als sehr komplexe u. somit schwierige Interpretationsaufgabe anzusehen; zur räumlichen Ausgliederung von Flächen u. Einstufung als Biotop u. damit zum Schaffen einer Übersicht der Lage bzw. Verteilung von Biotopen innerhalb eines Raumes ist es im Rahmen der Auswertung wichtig bei Nutzung von Kenntnissen der engen wechselseitigen ökologischen Zusammenhänge zwischen der Phytozönose (Pflanzengesellschaft

8) vgl. Hildebrandt, Gerd, 1986 13) vgl. Schneider, Sigfrid, 1984

der biotopischen Biozönose), der Zoozönose (Tiergesellschaft der Biozönose) sowie den biotopischen Standortfaktoren, die Merkmale von Pflanzengesellschaften bzw. charakteristische Standortmerkmale sicher im Luftbild zu erkennen. Im Rahmen des Interpretationsprozesses werden, abhängig vom Sachverstand, Erfahrungshorizont u. den örtlichen Geländekenntnissen des Auswerters u. auf Grundlage des Luftbildinhalts bzw. ggf hinzuzuziehender externer Infoquellen, die Merkmale allgemein einen Standort kennzeichnender Pflanzengesellschaften u. von Standortfaktoren nach Form, Tönung u. Textur identifiziert sowie Geländesachverhalten zugeordnet; ggf. können so auch Rückschlüsse auf im Luftbild nicht sichtbare Sachverhalte (z.B. Zoozönose, geologischer Untergrund) gezogen werden. Eine flächendeckend-detaillierte floristische Analyse ist, abgesehen von der Ermittlung von Artenzusammensetzungen o. etwa der notwendigen Identfikation kennzeichnender Leit- o. Charakterpflanzen floristischer Pflanzengesellschaften, für die Einordnung u. Augliederung eines Standorts als Biotop nicht von Bedeutung; wichtig für die Biotopausscheidung ist wie gesagt dagegen eine Abgrenzung von Flächen mit einheitlichen Phytozönosemerkmalen (z.B. Artenkombination, -dominanz). 8)

+ Da die Ausgliederung von Biotopen zur anschließenden Dokumentation (Biotopkartierung) eine vegetationskundliche Luftbildinterpretation erfordert, werden in erster Linie Farb- o. Infrarotfarbbilder verwendet, welche einen tiefergehenderen u. vielfältigeren Informationsgehalt bieten als Schwarzweißaufnahmen; dies ist damit zu erklären, daß das Auge bei der Bildauswertung wesentlich mehr Farbtöne (dreidimensionale Gliederung nach Farbton, Farbsättigung u. Helligkeit) als Grautöne voneinander unterscheiden kann. Falschfarbene Infrarotluftbilder bieten gegenüber konventionellen Luftbildern zudem eine kontrastreiche Abgrenzung von Vegetationsbeständen in sattem rot, was in vielen Fällen ein Vorteil ist. Werden Schwarzweißfilme verwendet, so sind i.d.R. panchromatische Bilder aussagekräftiger als Infrarotaufnahmen, weil sie den Geländeausschnitt in natürlich abgestuften Grautönen wiedergeben (Ausnahme : Zur Abgrenzung von Laub- u. Nadelbaumarten in Waldgebieten bei Sommeraufnahmen sind Infrarotaufnahmen aussagekräftiger). 8)

+ Die Wahl des Luftbildmaßstabs ist abhängig vom im Rahmen der Interpretation anvisierten Klassifizierungsgrad auszugliedernder Biotope; so werden für eine gering differenzierte Abgrenzung nach nur wenigen Unterscheidungsmerkmalen von Pflanzenbeständen, wo bei stereoskopischer Auswertung v.a. die synoptische Information von Bedeutung ist, Aufnahmen im Maßstabsbereich zwischen 1 : 10000 u. 1 : 30000 (sehr kleine Maßstäbe i.d.R. nur bei sehr guter Unterscheidbarkeit von Tönung u. Textur im Bild) verwendet; bei Gebrauch größerer Bildmaßstäbe kommt es zu einer zunehmenden Verkleinerung des abgebildeten Geländeausschnitts u. somit zu Schwierikeiten bei der Abgrenzung. Stärker differenzierte Klassifizierungen erfordern i.d.R. detailreiche Aufnahmen

8) vgl. Hildebrandt, Gerd, 1986

im Maßstabsbereich zwischen 1 : 5000 u. 1 : 7000, teilweise aber auch kleiner o. größer; somit wird bei einer größeren Zahl unterscheidbarer Abbildungsmerkmale eine Biotopauscheidung aufgrund floristischer Differenzierung von Pflanzengesellschaften bzw. durch Identifikation von Leit-/Charakterpflanzen möglich. Die bestmögliche Erfassung bzw. räumliche Ausgliederung von Biotopen für Kartierungszwecke ist wohl durch stereoskopische Auswertung 2er synchron erstellter Reihen von Infrarotluftbildern u. zwar eines großen wie eines kleinen Maßstabs möglich (Verknüpfung von Detail- u. synoptischen Informationen). 8)

+ Neben der Verwendung von leistungsfähigem Filmmaterial in für die Interpretationsaufgabe geeignetem Maßstab ist die Wahl des passenden Aufnahmezeitpunkts für eine Biotopausscheidung von ausschlaggebender Bedeutung. Voraussetzung für eine richtige Auswahl,v. a. bei vegetationskundlicher Ausgliederung von Pflanzengesellschaften auf der Grundlage floristischer Charakteristika bzw. von Leit- o. Charakterpflanzen ist eine Kenntnis des phänologischen Kalenders (z.B. Austreiben, Blüte, Laubverfärbung) bestimmter Pflanzengesellschaften bzw. -arten, weil mit der jahreszeitlichen Entwicklung des Vegetationszustandes auch eine Veränderung der jeweiligen Reflexion der Oberflächenstrukturen u. somit von Abbildungsmerkmalen im Luftbild einhergeht; dies beeinflußt wiederum Identifikation u. räumliche Abgrenzung von Vegetationsbeständen u. führt so zu unterschiedlichen Interpretationsergebnissen. Neben jahreszeitlich bedingten phänologischen Veränderungen kann das Erscheinungsbild von Vegetationsbeständen zudem durch natürliche Standorteinflüsse bzw. anthropogene Überformungen beeinflußt werden. 8)

+ Die Identifikation u. räumliche Abgrenzung von Biotopen (Biotopausscheidung) sowie deren Bewertung (z.B. Kategorisierung nach biologisch-ökologischem Wert u. damit Schutzwürdigkeit) in Verbindung mit einer Biotopkartierung (Dokumentation) erfordert intensive Inventurarbeit (Luftbildinterpretation sowie Felderhebungen), wobei bei solchen Untersuchungen die systematisch-methodische Vorgehensweise von Fall zu Fall variiert; trotzdem läßt sich eine grundlegende Systematik dieser Inventurarbeit erkennen. Für eine Biotopausscheidung werden wie gesagt i.d.R. Merkmale von Pflanzengesellschaften sowie biotoptypische Standortmerkmale, die sich aus der Luftbildinterpretation ggf. in Verbindung mit terrestrischen Erhebungen erschließen lassen, genutzt. 8)

+ Bei der Inventur von Pflanzengesellschaften als Kombination aus Luftbildinterpretation u. Geändeerhebungen ergeben sich im allgemeinen 4 alternative Vorgehensweisen. Nach für jede Alternative obligatorischer allgemeiner Orientierung im Gelände erfolgt eine intensive stereoskopische Luftbildinterpretation zur Abgrenzung von Vegetationsbeständen u. Ansprache von

8) vgl. Hildebrandt, Gerd, 1986

Gesellschaften, die für eine Biotopausscheidung in Frage kommen. Die Interpretation von Pflanzengesellschaften läßt sich unter der Bezeichnung „convergence of evidence" als Methode einer Annäherung an den wahrscheinlichsten Sachverhalt unter schrittweiser Hinzuziehung sämtlicher zur Verfügung stehender Bild-Infos definieren. Bei Vorliegen von Abbildungsmerkmalen, die eine Identifikation, also grobe Abgrenzung von Vegetationsbeständen u. zudem Ansprache florstisch definierter Gesellschaften bzw. von Charakterpflanzen, eindeutig o. mit hoher Wahrscheinlichkeit ermöglichen, sind anschließend immerhin noch stichprobenartige, bei Unsicheheiten gezielte Feldkontrollen zur Bestätigung o. Berichtigung des ermittelten Sachverhalts bzw. ergänzende terrestrische Erhebungen notwendig. Lassen sich die Geländesachverhalte trotz intensiver Interpretationsarbeit nach der Methode „convergence of evidence" anhand der Abbildungsmerkmale nur sehr uneindeutig bzw. unsicher (z.B. lediglich als Vermutung) erschließen, so werden die vermuteten Ergebnisse durch zielgerichtete Geländeerkundungen überprüft u. ggf. brichtigt. Mit den aus der 1. Interpretationsphase u. den Geländeerhebungen gewonnenen Informationen ist häufig eine Analogie-Interpretation möglich (2. Interpretationsphase), welche dann zu weitestgehend eindeutigen Ergebnissen führt. Für eine sichere Identifikation von Vegetationsbeständen/-gesellschaften zur Biotopausscheidung sind jedoch auch hier Feldkontrollen erforderlich. Reichen die vorliegenden Informationen (im Luftbild vorhandene kennzeichnende Abbildungsmerkmale sowie deren Überprüfung bzw.Berichigung anhand von Feldarbeit) für eine Analogie- Interpretation zur Ansprache floristischer Gesellschaften nicht aus, so sind ggf. flächenhafte Geländeerhebungen durchzuführen. Gleiches gilt schließlich, wenn weder die fü die Biotopausscheidung erforderliche Abgrenzung von Beständen noch eine Ansprache von Gesellschaften mittels Luftbildinterpretation in irgendeiner Form möglich ist. 8)

+ Als charakteristische Abbildungsmerkmale von Vegetationsbeständen sind deren stereoskopisch erfaßbare Höhengliederung, die synoptisch erfaßbare flächenmäßige Ausdehnung in sich einheitlicher Bestände sowie die artspezifischen u. phänologisch bedingten Unterschiede bei Farbwerten, Grautönen bzw. der Oberflächentextur zu nennen. Im Rahmen der Luftbildinterpretation nach „convergence of evidence" ist auf Grundlage dieser Abbildungsmerkmale in erster Linie eine Abgrenzung physiognomisch definierter Pflanzenbestände möglich; weil Voraussetzung einer Biotopausscheidung das Vorhandensein einer in sich einheitlichen Phytozönose als Teil einer einheitlichen Biozönose ist, muß in Abhängigkeit vom anvisierten KLassifizierungsgrad zudem geklärt werden, ob die physiognomisch abgegrenzten Pflanzenbestände auch als floristische Einheiten u. somit als floristisch definierte Pflanzengesellschaften z.B. mit einheitlicher Artenzusammensetzung bzw. spezifischen Leit-/Charakterpflanzen einzuordnen sind. 8)

8) vgl. Hildebrandt, Gerd, 1986

+ Zu den ein Biotop kennzeichnenden Standortmerkmalen zählen in erster Linie Merkmale der Oberflächengestalt wie etwa Höhengliederung o. die Ausdehnung oberirdischer Gewässer, aber auch abgebildete Merkmale wie Farbwert- o. Grautonmuster. Erstere Abbildungsmerkmale führen i.d.R. eindeutig o. mit großer Sicherheit zu einer Identifizierung der zugehörigen Geländesachverhalte u. ermöglichen so ggf. nach Geländekontrollen Rückschlüsse auf bestimmte Eigenschaften von Standorten, so auch auf deren biotopischen Charakter. Beispiele für natürliche biotoptypische Geländesachverhalte sind u.a. Tümpel, Altwasserarme, Überschwemmungsgebiete u . für künstliche Sachverhalte z.B. Steinbrüche, Kiesgruben, Deponien. Bei der 2. Gruppe von Abbildungsmerkmalen sind für eine sichere Identifizierung von Geländesachverhalten, welche auf biotopische Standorteigenschaften (wie z.B. Wasserqualität o. Bodenbeschaffenheit) schließen lassen, zielgerichtete Bodenerkundungen erforderlich; diese dienen dann als Informationsgrundlage für eine intensive analoge Luftbildinterpretation. 8)

+ Die im Rahmen der Luftbildinterpretation bzw. von Geländeerkundungen gewonnenen räumlichen Daten werden z.B. mittels eines speziell für die Biotopkartierung entwickelten Erhebungsbogens festgehalten; die Erfassung der Daten zum Zwecke einer differenzierten Charakterisierung von Standorten u. Ausscheidung als Biotop geschieht dabei gegliedert nach 11 Hauptkategorien (Gewässer, Uferzonen, Sumpf/Moor, Grasland, Heide, Wälder/Geölze u.a.), die jeweils in Merkmalsgruppen unterteilt sind, welche eine Aufzählung pflanzensoziologischer, geländemorphologischer, geologischer bzw. sonstiger Zustandskriterien beinhalten; für eine eindeutige Biotopausscheidung als Grundlage einer exakten Dokumentation (Biotopkartierung = Kartierung von Biotopvegetation in Verbindung mit Standortfaktoren) ist es notwendig, den jeweils untersuchten Standort in eine der 11 Hauptkategorien einzustufen u. innerhalb dieser dann alle zutreffenden Merkmale/Kriterien zuzuordnen. Eine Bewertung von Biotopen (also z.B. die Beurteilung ihres biologisch-ökologischen Wertes bzw. ihrer Schutzwürdigkeit) erfolgt in den Fällen, in denen eine selektive Kartierung (z.B. nur besonders reichhaltiger u. schutzwürdiger Biotope o. spezieller Typen) gewünscht wird, bereits bei der Ausgliederung mit entsprechend hohem Klassifzierungsgrad; vielfach erfolgt aber auch eine systematisch-flächendeckende Inventarisierung/Kartierung aller existierenden Biotopflächen (z.B. für Anlage/Fortschreibung eines Biotopkatasters), auf deren Grundlage eine anschließende differenzierte Bewertung von Biotoptypen o. Einzelbiotopen möglich ist. 8)

+ Da eine flächendeckende analoge Biotopkartierung zur Erfassung des aktuellen Zustands von Natur u. Landschaft äußerst zeitaufwendig ist (Befliegung, visuelle Luftbildinterpretation, Geländeerhebungen, kartographische u. reprotechnische Dokumentation), werden zunehmend digitale Auswertungs-, Bestandhaltungs-, Weiterverarbeitungs- sowie Dokumentationsmethoden

8) vgl. Hildebrandt, Gerd, 1986

genutzt. So können z.B. zur Beschleunigung von Biotopausscheidungen digitale Interpretationstechniken eingesetzt werden, welche allerdings nur unterstützende Funktion haben u. die visuelle Interpretationsarbeit bzw. Geländebegehungen nicht überflüssig machen. Die Summe des so gewonnenen Datenmaterials kann dann als „digitale Biotopkarte" in einer raumbezogenen Datenbank abgespeichert werden (z.B. Datenerfassung in digitalem Biotopkataster) u. steht bei Integration in ein Geo-Informationssystem für eine digitale Weiterverarbeitung (z.B. Erfassung digital interpretierter Biotopzustandsdaten aktueller Untersuchungszeiträume zur automatischen Aktualisierung/Fortschreibung des Datenbestands o. Aggregieren, d.h. selektives Zusammenfassen von Biotopdaten nach für eine spezielle Aufgabenstellung relevanten Merkmalen) bzw. zur Dokumentation von Zustandsdaten verschiedener Erhebungszeiträume o. von Veränderungsdaten z.B. in Form automatisch erstellter thematischer o. Übersichtskarten bzw. entsprechender Listen von Biotoptypen/Biotopen zur Verfügung. Ein Beispiel für den Einsatz eines solchen GIS ist die Installation des Arten-Landschafts-Biotopinformationssystems (ALBIS) als querschnittsorientiertem Systembestandteil des ressortübergreifenden Umweltinformationssystems (UIS) in Baden-Württemberg. Das System ALBIS umfaßt eine Datenbank u. spezielle Anwenderprogramme u. vereinigt insgesamt 3 elementare Grundfunktionen : Zum einen liefert es aktuelle Zustandsdaten über Natur u. Landschaft (z.B. regelmäßige Statusberichte zu Programmen, Projekten u. Maßnahmen im Bereich der Landschaftsplanung/-pflege), wobei solche Daten nicht nur für fachplanerische Zwecke genutzt werden, sondern auch für begleitende verwaltungsspezifische Personal- u. Budgetplanungen von Bedeutung sind (Festlegung von Schnittstellen/ Verknüpfungspunkten mit Systemen des Haushalts- u. Kassenwesens). Zum zweiten stellt ALBIS langfristig räumlich-zeitliche Veränderungdaten ökologisch relevanter Indikatoren z.B. der Artenzusammensetzungen biotopischer Pflanzengesellschaften, der Entwicklung gefährdeter Arten, aber auch Flächenbilanzen o. Daten über Biotopschranken (z.B. Zerschneidung von Landschaftselementen) zur Verfügung. Drittens schließlich ist das o.g. zielgerichtete Aggregieren sämtlicher Daten zum Zwecke der Nutzung für Landschaftsplanung/-pflege bzw. einer Dokumenation möglich. Charakteristische Systemstärken von ALBIS sind die Aktualität, Multifunktionalität sowie v.a. seine starke Querschnittsorientierung mit einer entsprechend großen Anzahl von Schnittstellen zu anderen Info-Systemen; letzterer Punkt dokumentiert sich z.B. in der o.g. Veknüpfung von ALBIS mit ressortinternen Systemen des Haushalts- u. Kassenwesens, aber auch in einer ressortübergreifenden Vernetzung mit anderen UIS-Systemen z.B. für Luft, Boden o. Wasser bei gleichzeitiger Standardisierung des Aufbaus der einzelnen UIS-Systeme (z.B. der Datenbanken) sowie Vereinheitlichung der Benutzerberflächen bzw. von Anwenderprogrammen. Darüberhinaus existieren aber auch durchgängige vertikale Datenverbindungen z.B. in Form einer Verknüpfung der vollzugsorientierten ALBIS-Komponenten (z.B. Biotopkartierung o. Landschaftspflegeprogramm) mit dem Umwelt-Führungs-Informations-System (UFIS). 2) 11)

2) vgl. Birkner,H.-J., 1995 11) vgl. Müller, Manfred, 1992

3.2.3 Ökologische Analyse von Fließgewässerstrukturen

Gleichfalls bedeutsam als Bewertungsgrundlage für landschaftsplanerische Entscheidungen bzw. landschaftspflegerische Maßnahmen sind z.B. räumliche Informationen über die Veränderung ökologisch relevanter Fließgewässerstrukturen (Veränderungsdaten). Auch in diesem Zusammenhang sind Luftbilder für Erfassungs-, Analyse-, Dokumentations- u. Bewertungzwecke geeignete Hilfsmittel.

+ Zur Beschaffung solcher ökologisch bedeutsamer räumlicher Veränderungsdaten über Fließgewässerstrukturen werden aussagekräftige Luftbildserien verschiedener für einen räumlich-zeitlichen Vergleich geeigneter Erhebungszeiträume benötigt; da es sich auch bei Analyse der Veränderungen von Fließgewässerstrukturen häufig um vegetationskundliche Untersuchungen handelt, sind hier ebenfalls Infrarotfarbluftbilder am besten geeignet, wobei diese aber (z.B. aus technischen o. Kostengründen) nicht immer lückenlos u. nicht für alle Erhebungszeiträume (z.B. frühere Vergleichszeiträume) vorliegen, so daß dann auf Schwarzweißaufnahmen zurückgegriffen werden muß. Der verwendete Maßstab der von privaten Luftbildfirmen bzw. den Landesvermessungsämtern zu beziehenden Bildserien ist abhängig von der Gelände-/Fließgewässerstrukturierung sowie dem für eine eindeutige u. sichere Analyse erforderlichen Detaillierungsgrad u. liegt daher vielfach im mittleren Maßstabsbereich (z.B. 1 : 12000), ist teilweise aber auch größer (z.B. 1 : 7000). 6)

+ Die in den Luftbildern zu erfassenden u. anschließend zu analysierenden Fließgewässerstrukturen werden häufig mittels eines auf das Analyse-/Auswertungsziel (hier : Ermittlung von Veränderungen ökologisch bedeutsamer Fließgewässerstrukturen wie etwa Eingriffe in den örtlichen Naturhaushalt als Bewertungsgrundlage) ausgerichteten Erfassungsschlüssels ausgewählt u. müssen über ihre ökologische Indikatorfunktion hinaus auf den Aufnahmen zweifelsfrei u. sicher analysierbar (erkennbar u. benennbar) sein. Als zu untersuchende räumliche Strukturen von Fließgewässern sind neben dem Gewässerlauf selbst (z.B. Strukturelemente wie Prallhänge, Gleithänge, Schotterbänke) u. vorhandenen anthropogenen Biotopschranken (z.B. Abtreppungen, Stauwehre,Verrohrungen) auch Gewässerverzweigungen/-einleitungen (verrohrt o. unverrohrt), befestigte Uferbereiche bzw. die örtlich stark differierende Ufervegetation sowie die im Gewässerverlauf existierende vielfältige, in Art u. Intensität variierende Auenlandnutzung (z.B. Wohn- u. Freizeitnutzung, Land- u. Forstwirtschaft) in einem Einzugsbereich von z.B. 30 m Tiefe ab Uferkante anzuführen. 6)

6) vgl. Faber, Thomas F., 1989

+ Die Analyse der ökologisch relevanten räumlichen Strukturelemente im Luftbild (i.d.R. Identifizierung anhand von Form, Farbton/Grauwert bzw. Textur auf der Grundlage von Stereopaaren) geschieht unter Verwendung eines Spiegelstereoskops u. zudem ggf. eines Taschenstereoskops bei 5-facher bzw. 3-facher Vergrößerung mit Hilfe eines Interpretationsschlüssels; dieser Schlüssel wird zuvor im Zuge einer vorbereitenden Geländebegehung durch Erkundung der ökologisch relevanten Strukturelemente vor Ort am Fließgewässer u. anschließender Interpretation in ausgewählten Luftbildern erstellt (Beispielschlüssel). 6)

+ Eine Dokumentation zweifelsfreier qualitativer Analyseergebnisse erfolgt dann als kartographische Darstellung der Fließgewässerstrecke; dabei werden aufgrund eines Kartierungsschlüssels (analog Erfassungsschlüssel) die ökologisch relevanten Strukturelemente mittels Tuschezeichner in Form einer Zifferncodierung (z.B. bei Biotopschranken, Gewässerverzweigungen/-einleitungen, Auenlandnutzung) bzw. Farbcodierung (z.B. bei befestigten Uferbereichen, Ufervegetation) sowie mit ergänzenden Erläuterungen auf (dickem u. bei Temperaturschwankungen entsprechend maßhaltigem) Transparentpapier aus den einzelnen Luftbildern hochgezeichnet. 6)

+ Die Hochzeichnung (= qualitativ differenzierte Dokumentation) ökologisch relevanter Strukturen einzelner Fließgewässerabschnitte ist Grundlage einer weitergehenden quantitativen Analyse, also z.B. für die Ausmessung u. Berechnung realer Streckenlängen (z.B. Längen uferangrenzender Auenlandnutzungen, Längen befestigter Uferbereiche bzw. unterschiedlicher Ufervegetation, Gewässerabschnittslängen o. Gesamtgewässerlänge) bzw. entsprechender Flächenberechnungen. Flächendeckende Hochzeichnungen aller Inhalte einzelner Luftbilder sowie deren unmittelbare Ausmessung u. Berechnung sind jedoch nur dann möglich, wenn es sich um entzerrte u. somit maßgerechte, d.h. lage- u. maßstabstreue Orthophotos handelt; ist dies nicht der Fall, liegt also kein geometrisch korrektes Luftbild vor (z.B. projektive Abbildungsverzerrungen eines nahezu flachen Geländes, bei dem reliefbedingter Lageversatz von Punkten bzw. Maßstabsschwankungen innerhalb der in Kapitel 1.1 erläuterten Grenzen bleiben), können die Gewässerstrukturen an den Bildrändern (wegen zu starker Verzerrung) nicht hochgezeichnet werden. Darüberhinaus ist der effektive Maßstab eines jeden derartigen Luftbildes zu ermitteln, da wegen der Zentralprojektion reliefbedingte Höhenunterschiede im Gelände (abhängig von der Aufnahme-/Flughöhe) zu Maßstabsschwakungen auch in den Bildmitten führen u. somit reale Längenberechnungen auf der Grundlage von Messungen in der Transparentzeichnung u. Anwendung des Nennmaßstabs sehr ungenau wären. Dazu werden je Luftbild 6 verschiedene, genügend lange Strecken einer topographischen Karte gemessen, mit dem Kartenmaßstab multipliziert u. durch die

6) Faber, Thomas F., 1989

jeweils vergleichbaren, möglichst zentral gelegenen u. ausgemessenen Bildstreckenlängen geteilt. Aus den so berechneten 6 verschiedenen Maßstabzahlen wird nach Streichung der beiden Extremwerte das arithmetische Mittel gebildet, welches dann den effektiven Maßstab eines jeweiligen Luftbilds darstellt; daraus ergeben sich somit auch die Maßstäbe der einzelnen Transparentzeichnungen, so daß auf ihnen ausgemessene Streckenlängen unterschiedlicher Fließgewässerstrukturen in metrische Werte (reale Streckenlängen) umgerechnet u. auf dieser Basis auch reale Flächenberechnungen vorgenommen werden können. Die analog o. auch mit Hilfe eines digital arbeitenden photogrammetrichen Auswertegerätes ermittelten metrischen Raumdaten können dann z.B. nach Vergleichszeiträumen unterteilt u. differenziert nach verschiedenen naturräumlichen Fließgewässerabschnitten bzw. politisch-adsministrativen Verwaltungseinheiten in Tabellenform zusammengefaßt werden (quantitative Dokumentation); in diesem Zusammenhang ist natürlich auch analog Kapitel 3.2.2 an die Nutzung eines entsprechenden GIS (Möglichkeit der Erfassung digital vorliegender bzw. digitalisierter Daten sowie deren Speicherung in Datenbank, Fortschreibung, Aggregation sowie Dokumentation) zu denken, wobei sich die räumlichen Zustands- bzw. Veränderungsdaten dann als Analysematerial für weitergehende landschaftsökologische Auswertungszwecke, so z.B. zur Bewertung der räumlich-zeitlichen Veränderungen ökologisch relevanter Fließgewässerstrukturen im Rahmen von Planungen u. Maßnahmen, nutzen lassen. 6)

3.2.4 Erfassung u. Auswertung von Waldschäden in der Fläche

Als seit vielen Jahren besonders bedeutsames Aufgabenfeld für den Einsatz von Luftbildern zum Zwecke landschaftsökologischer Untersuchungen in bestimmten lokalen o. regionalen Teilräumen sind Waldschadensinventuren hervorzuheben ; dabei sind methodische Arbeitsschritte wie die photographische Erfassung, die Identifikation u. Unterscheidung bzw. raumanalytische Abgrenzung einzelner Baumarten sowie deren klassifizierende Einordnung nach Vitalitätsgraden im Rahmen eines Bewertungsprozesses u. die anschließende Dokumentation als Bestandteil einer flächenhaften Bestandsaufnahme existierender Waldschäden zu nennen. Die Problematik von Waldschäden als der schrittweise fortschreitenden Schädigung der Baumsubstanz (Blattwerk, Geäst, Stamm incl. Wurzeln) bis hin zum vollständigen Absterben ergibt sich im allgemeinen aus einem Konglomerat verschiedener ökologisch nachteilig wirkender Umwelteinflüsse bzw. Schädigungsursachen; in diesem Zusammenhang sind als ökologisch relevante abiotische Schädigungsarten u.a. das Einwirken von Luftschadstoffgemischen (z.B. aus Autoverkehr, Hausbrand, Industrie) auf Bäume, abhängig von den regionalen Klimaverhältnissen (z.B. vorherrschende Wetterlagen) Schädigungen durch „sauren Regen" (z.B. Blattschädigungen,

6) Faber, Thomas F., 1989

Bodenversauerung) o. übermäßiger Düngemitteleinsatz in der Landwirtschaft (Bodenüberdüngung), aber auch globale Klimaveränderungen aufgrund anthropogener Einflüsse (z.B. fortschreitende globale Erwärmung verbunden mit der Zunahme klimatischer Extreme, intensivere UV-Strahlung aufgrund des Abbaus der Ozonschicht) anzuführen, wobei die daraus resultierenden Belastungen der Ökosysteme (so auch des Waldes) tendentiell zu einer gesundheitlichen Labilisierung des Baumbestandes u. damit z.B. auch zu einer verstärkten Anfälligkeit für Schädlingsbefall (biotische Schädigungsarten) führen. Ziel des Luftbildeinsatzes im Rahmen dieses Problem- bzw. Aufgabenfeldes ist neben der Feststellung ökologisch relevanter Indikatoren zur Früherkennung u. Prognose zu erwartender Waldschäden auf Grundlage der Auswertung von Luftbildserien verschiedener Vergleichszeiträume (Ermittlung typischer Schadensverläufe) teilweise auch die Erfassung des Waldzustands hinsichtlich Baumartenzusammensetzung, Alter u.a. 12) 13)

+ Für eine qualitativ hinreichende Erfassung u. Auswertung von Waldschäden bietet daher der Einsatz von Infrarotfarbluftbildern (Reihenmeßkammeraufnahmen im Maßstabsbereich um 1 : 5000) entscheidende Vorteile, weil die Emulsion von Infrarotfarbfilmen neben dem grünen u. roten Bereich des Sichtbaren Lichts zudem im für eine differenzierte Vegetationsanalyse relevanten Spektralbereich des Nahen Infrarots, also speziell zur Erfassung der Reflexion von Blattgrün sensibilisiert ist. Bei Auswahl eines passenden Aufnahmezeitpunkts (i.d.R. im Spätsommer, also kurz vor einer durchgreifenden Laubverfärbung) sowie einer für Auswertungszwecke geeigneten Aufnahmehöhe (z.B. 765 m über Grund, wobei stets ein ausgewogenes Verhältnis von im Luftbild erfaßter synoptischer u. Detailinformation zu beachten ist) ist so eine Unterscheidung von gesundem, geschädigtem bzw. abgestorbenem Blattgrün anhand der Bildmerkmale Form, Farbe u. Textur v.a. im Kronenbereich der Bäume (Kronenzustand = Stellvertretervariable für die Baumvitalität) u. damit ein frühzeitiges Erkennen von z.B. vom Boden aus nicht o. nur sehr schwer feststellbarer Waldschäden möglich. Wichtig ist, daß für jede Bildflugserie ein eigener Interpretationsschlüssel (mit Beispielen verschiedener Baumarten, Schädigungsgrade u.a.) erstellt wird, da die Farbwiedergabe bei Infrarotfarbfilmen sehr unterschiedlich sein kann. Die Nutzung von Infrarotfarbluftbildern ermöglicht darüberhinaus, im Gegensatz zu ausschließlich terrestrischen Erkundungen, bei denen lediglich eine, von der Größe des Untersuchungsgebiet abhängige Menge Stichproben mit je einer bestimmten Anzahl von Bäumen untersucht werden, lückenlos-flächendeckende Untersuchungen von Waldgebieten bei organisatorisch vorteilhafter zeitlicher Tren nung von Aufnahme u. Interpretation (Rückgriffmöglichkeit auf Luftbilder) u. somit eine auch quantiativ hinreichende Erfassung u. Auswertung von Schäden im Waldbestand. 12) 13)

+ Im Rahmen der Luftbildinterpretation mit dem Ziel einer differenzierten u. exakten Schadensklassifikation von Waldflächen / -bäumen auf Grundlage der Infrarotfarbaufnahmen

12) vgl. Schmidtke, Hubertus, 1994 13) vgl. Schneider, Sigfrid, 1984

bedarf es zunächst der Identifikation u. Unterscheidung der Baumarten eines Bestandes im Bild u. mittels stichprobenartiger Geländekontrollen (o.g. Interpretationsschlüssel); dies ist wichtig, da jede Baumart, ganz abgesehen vom jahreszeitlich bedingten Vegetationszustand, andere Reflexionseigenschaften aufweist, die bei unterschiedlichen Schädigungsgraden zudem stark variieren, was darauf zurückzuführen ist, daß die Reflexion artspezifisch von der jeweiligen Blattstruktur (sog. Mesophyllstruktur), also von der Beschaffenheit des Blattmaterials einer jeweiligen Laub- o. Nadelbaumart bestimmt wird, welche sich wiederum durch schädigende Einwirkungen verändern kann. Je nach Vitalitätszustand bzw. Schädigungsgrad, der jeweils über den Prozentsatz der Verlichtung (%-Anteile des Blatt-/Nadelverlustes) der Baumkronen definiert wird, geschieht die Zuordnung einzelner Bäume unter Beachtung des Aufnahmzeitpunkts u. der artspezifischen Unterschiede zu im allgemeinen 4 - 6 Vitalstufen (Klassifizierungsspanne), wobei im allgemeinen gesunde Bäume ohne jegliche Schäden (bis 15% Verlichtung) im IR-Farbbild in sattem Rot abgebildet werden; Bäume mit leichten bis mäßigen Schädigungsmerkmalen (bis 25% Verlichtung) zeigen aufgrund thermischer Veränderungen im Blattoberflächenbereich eine charakteristische blaßrote Färbung, während stärker bis stark geschädigte Bäume (bis 60% Verlichtung) nebe großflächigen thermischen Oberflächenveränderungen starke Blattverluste u. somit weißliche, graue bzw. hellbräunliche Verfärbungen aufweisen; die Erscheinungen bei sehr starken Schädigungen (über 60% Verlichtung) sind durch eine extrem kurze Vegetationsperiode (frühzeitiger Blattverlust) bzw. völlig abgestorbene Bäume gekennzeichnet. Da sowohl im Luftbild wie auch im Gelände die Vitälität/Schädigung von Bäumen nur gutachtlich geschätzt werden kann, ist für eine weitestgehend fehlerfreie Auswertung fundiertes Expertenwissen (forstwirtschaftliche u. biologische Kenntnisse bzw. Erfahrungen) unverzichtbar. Als Auswertetechniken werden in aller Regel konventionelle Spiegelstereoskope o. EDV in Form elektronisch gesteuerter photgrammetrische Auswertegeräte (rechnergestützte/digitale Standortbestimmung, Flächenberechnungen u.a.) eingesetzt. 12) 13)

+ Bei stereoskopischer Luftbildinterpretation bieten sich für Standortbestimmung sowie bewertende Klassifizierung von Bäumen nach Vitalitätszuständen 2 verschiedene (rein analoge bzw. manuelle) Auswertungsverfahren an : Zum einen wird ein auszuwertender Waldbestand in der abbildenden Karte wie auf den zugehörigen Luftbildern mit einem Quadratraster jeweils untereinander kompatibler Rasterquadrate überzogen, wobei zur Abdeckung der zu untersuchenden Waldfläche eines Luftbilds i.d.R. mehrere Rasterquadrate mit jeweiliger Untergliederung in einzelne Testfelder benötigt werden. Nach gründlicher stereoskopischer Interpretationsarbeit (max. 10-fache Vergrößerung) werden die einzelnen untersuchten Bäume erkannt, nach Arten unterschieden, aufgrund ihres Vitalitätszutandes klassifiziert (bewertet) u. ihrem Umfang nach mit der jeweiligen Vitalstufe in die Testfelder der Rasterquadrate eingezeichnet. Anschließend

12) vgl. Schmidtke, Hubertus, 1994 13) vgl. Schneider, Sigfrid, 1984

wird je Rasterquadrat mit Hilfe eines Bewertungsschlüssels der Gesamtindex aus den Einzelbewertungen der Bäume verschiedener Vitalstufen (wobei Bewertungsindizes = Vitalstufen) u. anschließender Teilung der Gesamtbewertung durch die Summe aller Bäume gebildet; diese Durchschnittsbewertungen sind dann Grundlage für eine farblich differenzierte u. relativierende Dokumentation von durchschnittlichen Schädigungsgraden der einzelnen Rasterquadrate in der Karte. Der Bewertungsschlüssel ermöglicht zudem eine detaillierte Auflistung der Lage- u. Vitalitätsdaten erfaßter Bäume (z.B. Luftbildnummern, Nummern der Rasterquadrate, Waldorte, Baumzahlen, Durchschnittsbewertungen = quantitative u. qualitative Dokumentation). Ein zweites Verfahren sieht die Kartierung (Dokumentation) von Lage- u. Vitalitätsdaten im Luftbild selbst vor, wobei neben Eintrag von Baumnummern u. Lagekoordinaten einzelner begutachteter Bäume die Vitalitätsbewertung mittels Farbcodierung der kartierten Baumkronen dargestellt wird; diese Daten erfaßter Bäume eines Untersuchungsgebietes werden zudem in einem Baumkataster der Waldbäume registriert. 12) 13)

+ Darüberhinaus bietet auch in diesem Zusammenhang der Einsatz eines GIS als jederzeit verfügbare aktuelle Informationsquelle für Öffentlichkeit, politische Akteure, öffentliche u. private Waldbesitzer zahlreiche Möglichkeiten. Digital vorliegende bzw. digitalisierte Grunddaten einer raumbezogenen Datenbank (z.B. digitales Baumkataster) in Form absoluter Zahlen bzw. prozentualer Anteile von Bäumen verschiedener Schadensklassen o. Flächenanteile einzelner Vitalstufen am Gesamtbestand, ggf. auch differenziert nach Baumarten u.a. lassen sich für eine kompakte u. überschaubare Dokumentation der Waldschadenssituation zu Kennziffern (z.B. Reduktion der Klassifizierungsspanne auf 2 Klassen = gesund/geschädigt, Bildung arithmetischer Mittel aus Schadensklassenanteilen o. von Schadensniveaus aus Anteilskombinationen derVitalstufen) aggregieren. O.g. Grunddaten u. davon abgeleitete Kennziffern werden z.B. zur Dokumentation von Häufigkeitsverteilungen (z.B.Histogramme/Cakes) o. für räumlich-zeitliche Darstellungen von Waldschadensdaten (z.B.thematische Karte) genutzt (automatisierter Ausdruck der Zustandsdaten als farbige/schwarzweiße Computerplotts). Die Entwicklungsdynamik eines Waldbestandes, die sich aus der Differenz von Waldzustandsdaten verschiedener Erhebungszeiträume ergibt, wird vielfach auch als Histogramm ausgedruckt. Eine differenziertere räumlich-zeitliche Bilanzierung der Vitalität eines Bestandes (z.B. der Anteilsveränderungen einzelner Schadensniveaus incl. Veränderungsbewegungen) werden kartographisch dargestellt; in gleicher Weise dokumentiert werden zudem strukturell-flächenhafte Veränderungsdaten (z.B. Abholzungen, Aufforstungen). Eine noch weitergehende Visualisierung flächenhafter Waldbestände sowie der Dynamik von Waldzustandsveränderungen bzw. landschaftsökologischer Beziehungszusammenhänge ermöglichen dreidimensionale Geländemodelle (Computeranimation s. Kapitel 4.2). In jedem Fall

12) vgl. Schmidtke, Hubertus, 1994 13) vgl. Schneider, Sigfrid, 1984

sind alle o.g. räumlichen Daten über Waldflächen (Vitalität, ggf. Artenzusammensetzung, Alter u.a.) zur Rekonstruktion standort- u. artspezifischer Schadensverläufe, aus denen ökologische Indikatoren für Früherkennung u. Prognose von Waldschäden abzuleiten sind, von großer Bedeutung. 12)

3.2.5 Darstellung von Pflanzenschädigungen mittels städtischem Baumkataster

Im folgenden soll als abschließendes landschaftsökologisches Anwendungsbeispiel für eine Nutzung von Fernerkundungsmethoden der Einsatz von Luftbildern für eine Inventarisierung des städtischen Baumbestands, d.h. konkret zur Erfassung von Standorten u. Verteilung städtischer wie privater Straßenbäume, zur Identifikation u. Unterscheidung deren Art, Alter u. Größe sowie Bewertung des Vitalitätszustands u. anschließenden Dokumentation einzelner Straßenbäume in Form eines städtischen Baumkatasters, dargestellt werden. So gewonnenes Datenmaterial verschiedener Erhebungszeiträume ermöglicht analog den flächenhaften Waldschadenserhebungen die Feststellung art- u. standortspezifischer Schadensverläufe u. damit eine Früherkennung u. Pognose von Baumschäden u. Einleitung landschaftsplanerischer Entscheidungen (z.B. Aufstellen von Baumsatzungen) bzw. landschaftspflegerischer Gegenmaßnahmen (z.B. baumchirurgische Sanierungen), wobei unabhängig von einer Artenunterscheidung bei der Interpretation die Dokumentation des städtischen Baumbestandes wegen der größeren Vielfalt örtlich bedingter Standorteinflüsse sowie i.d.R. (z.B. im Vergleich zu Fichten- o. Kiefernmonokulturen) größeren städtischen Artenvielfalt im s t ä d t i s c h e n Baumkataster allgemein differenzierter erfolgt als etwa im Baumkataster der Waldbäume (häufig nur Dokumentation von Baumnummer, Lagekoordinaten, Vitalitätszustand bzw. entsprechende Aggregation der Daten). Der große Wert von Bäumen im Straßenraum, wozu z.B. auch Bäume im Bereich von Grünanlagen zu zählen sind, ergibt sich nicht nur aus ihren ausgeprägten ökologischen Funktionen als Lebensraum für Tiere, als Luftschadstoffilter bzw. städtischer Frischluftproduzent u. bestimmender Faktor des örtlichen Kleinklimas (z.B. Ausgleichfläche für Wärmeinseln in der Stadt) sowie Verbesserer der städtischen Bodenqualität (z.B. aufgelockerter, gut durchlüfteter Lebensraum für Mikroorganismen) u. des Wasserhaushalts (z.B. Grundwasserqualität), sondern auch aus deren nicht zu vernachlässigenden sozial-ästhetischen Funktionen wie z.B. dem Freizeit- u. Erholungsnutzen o. etwa der Steigerung des Wohnwerts. Während bei Waldschäden die Verursacher überwiegend nicht vor Ort zu suchen sind, die Vegetationsschädigungen im Waldbestand vielmehr von weiter entfernten Emittenten (z.B. Autoverkehr o. Hausbrand einer Großstadt, Industrie) in Verbindung mit regionlen wetterbedingten Einflüssen (z.B. Wind, Regen) o. von globalen Klimaveränderungen

12) vgl. Schmidtke, Hubertus, 1994

herrühren, sind Scäden an städtischen Straßenbäumen vielfach „hausgemacht", d.h. die zahlreichen Schädigungsursachen sind in den vielfältigen lokalen Standortgegebenheiten (z.B. Verkehrsführungen, Ampelregelungen, Bebauungsdichten, Gemengelagen, Versiegelungsgrade, Lage von Versorgungs-/Entsorgungsleitungen) zu suchen; dabei treten bei Straßenbäumen standortspezifische abiotische Schädigungsarten verstärkt auf, die in Waldgebieten selten o. garnicht festzustellen sind (z.B. Bodenverdichtungen o. mechanische Einwirkungen). Darüberhinaus entsprechen die Schädigungen (z.B. Schäden durch Luftverschmutzung, „sauren Regen" o. Schädlingsbefall) in etwa denen von Waldbäumen. 13)

+ Zwar sind Schädigungsarten im Luftbild nicht identifizierbar, wohl aber z.B. unterschiedliche Schädigungsgrade einzelner städtischer Straßenbäume, wobei aufgrund ihrer charakteristischen Abbildungseigenschaften auch in diesem Zusammenhang Infrarorfarbluftbilder (Senkrechtaufnahmen aus Reihenbefliegungen) in erster Linie in großen Maßstäben mit genügenden Detailinformationen im Bereich zwischen 1 : 2500 u. 1 : 5000 verwendet werden. Bei Aufnahmen zum Höhepunkt der Vegetationsperiode (Spätsommer) ist aufgrund der speziellen Sensibilisierung von Infrarotfarbfilmen zur Erfassung der Infrarotrückstrahlung von Vegetationsbeständen auf den Abbildungen der Vitalitätszustand einzelner Straßenbäume exakt unterscheidbar; dabei ist diedurch die Blattstruktur in Verbindung mit dem Blattfarbstoff (Absorption bzw. Brechung des einstrahlenden Lichts) bestimmte Infrarotrückstrahlung abhängig vom Vitalitätszustand des Blattwerks, weil mit fortschreitendem Vitalitätsverlust aufgrund zunehmender Schädigung u. somit Zusammenfall der schwammartigen Zellstruktur der Blätter ihr Reflexionsvermögen abnimmt.Voraussetzung für eine sichere Identifikation u. klassifizierende Bewertung der so auf den Infrarotfarbaufnahmen durch Veränderung der roten Farbtönung feststellbaren, im oberen Bereich der Baumkronen beginnenden Schädigungen, ist auch hier eine Unterscheidung der Baumarten, da jede Art eine andere Reflexionskurve aufweist. Eine Einordnung identifierter u. bewerteter Baumschäden aufgrund farblicher Veränderungen im Luftbild geschieht analog den Waldschadensinventuren nach Vital- bzw. Schädigungsstufen, wobei i.d.R. mit steigendem Schädigungsgrad 5 Stufen unterschieden werden (Differenzierungsgrad mit der unteren Klassifizierungsspanne bei Waldschadenserhebungen vergleichbar + zusätzlich stadtspezifische Kategorie : Jungbaum, Grenzfall o. Verdeckung = nicht interpretierbar). 13)

+ Zur Auswertung der vorliegenden Infrarotfarbluftbilder zum Zweck einer flächendeckenden Dokumentation des Bestandes städtischer Straßenbäume mittels stätischem Baumkataster wird im allgemeinen nach folgender Methode, die jedoch in einigen bestimmten Arbeitsschritten Variationsmöglichkeiten offen läßt, vorgegangen : Während o. unmittelbar nach Befliegung des Untersuchungsgebietes (Stadtgebiet) wird in stichprobenartigen Feldvergleichen eine Auswahl von

13) vgl. Schneider, Sigfrid, 1984

Baumstandorten hinsichtlich ihrer phänologischen Erscheinung vor Ort u. den entsprechenden Abbildungsmerkmalen im Luftbild (Form, Farbe, Textur) abgeglichen u. auf diese Weise exemplarische Daten zu Baumart, Baumalter, Standortfaktoren wie örtliches Klima o. Bodenverhältnisse, Kronendurchmesser Vitalität u.a. in einem Interpretationsschlüssel zusammengefaßt, auf dessen Grundlage dann eine eingehende flächendeckende Luftbildinterpretation erfolgt. In manchen Fällen wird allerdings zuerst lediglich eine Standortkartierung sämtlicher Straßenbäume auf Kartengrundlage im Maßstab 1 : 2500 vorgenommen, auf deren Grundlage dann mittels Felderhebungen die Bestimmung der einzelnen Baumarten geschieht. Diese terrestrische Baumartenbestimmung wird dann zusammen mit ergänzenden Untersuchungsergebnissen (analysierte Pflanzen- u. Bodenproben ausgesuchter Musterbäume z.B. einer jeden Standortkategoriebzw. Baumart) u. den Beispielen des Interpretationsschlüssels für eine Schätzung des Baumalters, eine Vermessung von Kronengrößen sowie eine klassifizierende Bewertung des Vitalitätszustands der einzelnen Straßenbäume im Zuge der stereoskopischen Luftbildinterpretation herangezogen; wie bei Waldschadenserhebungen ist auch hier eine EDV-mäßige Auswertung mit Hilfe eines elektronisch gesteuerten photogrammetrischen Auswertegerätes (rechnergestützte Standortbestimmung/Vermessung u.a.) möglich. 13)

+ Die Dokumentation des inventarisierten Zustands von Straßenbäumen erfolgt dann im städtischen Baumkataster wie angedeutet in Form einer Standortkartierung auf Deckfolien zum existierenden Stadtkartenwerk im Maßstab 1 : 2500 u. ggf. zusätzlich in einer übersichtlichen Baumkatasterkarte u. zwar entweder symbolisch vereinfacht (z.B. nur Baumstandorte u. Schädigungsgrade) o. detailliert nach Standorten, Baumarten, Kronengröße u. Vitalität unterschieden. Zur weiteren Untergliederung werden Karteikarten von jedem einzelnen städtischen Straßenzug (mit Karteikarten-, Stadtbezirks- bzw. Kartenblattnummer) erstellt, welche neben dem einkopierten Kartenausschnitt der Straße mit fortlaufend nummerierten Baumstandorten eine differenzierte Auflistung sämtlicher Straßenbäume nach Baumnummer, Baumart, ggf. Alter (6 Klassen) u. Kronendurchmesser (3 Klassen) sowie Vitalität (5 Klassen) enthalten; die Schädigungsgrade können aber auch im Kartenausschnitt dargestellt werden. Alternativ o. ergänzend zur o.g. Baumkatasterkarte (Übersichtskarte) werden teilweise auch Untersuchungsberichte (Dokumentationen) mit Summenlisten für einzelne Blätter des Stadtkartenwerks, Stadtbezirke o. die Gesamtstadt veröffentlicht. Solche Summenlisten enthalten z.B. die Gesamtzahl aller untersuchten Baumstandorte, Prozentsätze o. absolute Zahlen einzelner Schädigungsgrade, die Zahlen bzw. Prozentanteile von Bäumen einzelner Arten, die Anzahl der Baumarten, Schädigungsschwerpunkte bezogen auf bestimmte Baumarten o. Stadtbereiche o. etwa die Verteilung von Jungbäumen/Neuanpflanzungen. 13)

13) vgl. Schneider, Sigfrid, 1984

+ Auch hier ist eine Einspeisung digital vorliegender bzw. entsprechende Digitalisierung analoger Katasterdaten, also eine koordinatenmäßige Erfassung der Baumstandorte sowie sonstiger für eine Speicherung bzw.Weiterverarbeitung nutzbarer Standortmerkmale mit EDV-Hilfe möglich; nach standortweiser Zusammenfassung der Baumdaten sowie Umwandlung in Gauß-Krüger-Koordinaten stehen die so datenbankmäßig abgespeicherten Daten für eine Weiterverarbeitung u. vielfältige digitale Dokumentationen zur Verfügung. So ist es beispielsweise möglich, beliebig aggregierte Standortdaten in Form von schwarzweißen/farbigen Schaubildern/Karten (s.o.) o. in Listen automatisch auszudrucken u. diese z.B. für Schadensprognosen bzw. gezielte landschaftspflegerische Baumsanierungen, Pflanzaktionen o. für entsprechende Personal- u. Budgetplanungen zu nutzen. Liegen Zustandsdaten aktueller Befliegungen vor, ist es jederzeit möglich, das bestehende digitale Baumkataster interaktiv zu korrigieren/fortzuschreiben bzw. den Datenbestand zu ergänzen. 13)

4 Der Einsatz von Informationssystemen zur Erfassung, Speicherung, Verarbeitung u. Darstellung raumbezogener Daten

Die in Kapitel 3 bereits dargestellten, in unterschiedlich landschaftsökologisch orientierten Aufgabenfeldern eingesetzten Geo-Informationssysteme benötigen als Datengrundlage flächenhaft-detaillierte raumbezogene Informationen mit möglichst hohem Aktualitätsgrad; diese räumlichen Daten werden durch die in Kapitel 1 geschilderten, durch verschiedene Aufnahmetechniken unterstützten Aufnahmeverfahren der Fernerkundung in Form unterschiedlicher Aufnahmeprodukte zur Verfügung gestellt, welche gegenüber ausschließlich terrestrischen Erhebungsmethoden den Vorteil haben, nicht nur mit deutlich geringerem Zeitaufwand aktuellere, sondern zudem auch flächendeckende Raumdaten anzubieten. Erwähnte analoge (verschiedene mittels Kamera/Meßkammer aufgenommene Arten u. Maßstäbe von Luftbildern) u. digitale (mittels multispektralem Zeilenabtaster/Scanner erstellte Satellitenaufnahmen) Fernerkundungsmethoden stellen also analoge wie digitale Raumdaten für eine qualitative u. quantitative Interpretation/Auswertung bereit; bei analog, d.h. rasterbasiert vorliegenden Bilddaten, bei digital, also koordinatenmäßig bzw. vektorbasiert vorliegenden Sat-Scannerdaten o. bereits digitalisierten Bilddaten besteht nun die Möglichkeit einer digitalen Bildverarbeitung, welche neben geometrischen u. radiometrischen Transformationen auch eine digitale Auswertung z.B. in Form der rechnergestützten Klassifizierung sowie Texturerkennung o. etwa eine wissensbasierte Interpretation umfaßt. 2)

2) vgl. Birkner, H.-J., 1995 13) vgl. Schneider, Sigfrid, 1984

Geometrische Transformationen dienen z.B. der Umwandlung von Rasterbildern (analoge Luftbilder) in vektorbasierte Koordinatenbilder (Digitalisierung, z.B. mittels Scanner), aber auch der Korrektur geometrischer Fehler (im Zuge der Digitalisierung o. digitaler Raumdaten ganz allgemein) u. stellen somit bereits eine Bildverbesserung dar. Im Rahmen einer weitergehenden digitalen Bildverbesserung (Bildrestauration) werden radiometrische Veränderungen digitaler Bilddaten in Echtzeit direkt am Bildschirm vorgenommen; dabei dienen Transformationen wie z.B. das Verändern der Grauwert- bzw. Farbwertverteilung einer Kontrastverbesserung (Betonung o. Extraktion bestimmter Bildelemente) sowie die Veränderung von Grau-/Farbwerten in Form einer digitalen Filterung der Schärfeverbesserung. Derart aufbereitete Bilddaten (ikonische Bildverarbeitung/ verbesserung) sind dann eine optimale Arbeitsgrundlage für eine rein visuell-manuelle inhaltliche Auswertung (d.h. Ausgabe des verbesserten analogen Bildes u. anschließende stereoskopische Luftbildinterpretation), für eine digital unterstützte, teilautomatisierte visuelle Interpretation auf Grundlage von Luftbildern z.B. mit Hilfe photogrammetrischer Auswertetechnik sowie natürlich auch einer rein digitalen u. automatisierten inhaltlichen Auswertung z.B. mit Hilfe spezieller Bild-/Datenauswertegeräte in Form der multispektralen Klassifizierung digital vorliegender Raumdaten. 2)

Eine solche rechnergestützte inhaltliche Auswertung, d.h. die Bildung von Objektklassen nach bestimmten Algorithmen (Rechenverfahren), basiert auf den (durch die verschiedenen Oberflächenstrukturen bedingten) unterschiedlichen spektralen Reflexionseigenschaften von Geländeobjekten u. somit auch Bildelementen, geschieht also i.d.R. rein ikonisch. Bei einer digitalen, multispektralen Klassenzuordnung von Objekten wird eine Vielzahl von Spektralkanälen genutzt u. zwar sowohl des Sichtbaren Lichts (unterschiedliche Grauwert-/Farbanteile) wie auch aus dem Bereich des Nahen Infrarots (s. auch Kapitel 1 u. 3.1). Durch die Möglichkeit einer digitalen Entzerrung der einzelnen Spektralkanäle aufeinander ist zudem eine Nutzung von Kanälen verschiedener Aufnahmesensoren (z.B. mehrerer Satelliten) bzw. zusätzlicher künstlicher Kanäle u. somit eine weitergehende Differenzierung im Rahmen der digitalen Klassifizierung realisierbar. Beispiele für künstliche Kanäle sind Texturkanäle, die mittels aufgenommener Grauwerte verschiedene Strukturen/Texturen als zusätzliche Gelände-/Bildmerkmale erkennen u. diese als weiteres Kriterium bei der Objektklassenzuordnung nutzen; dabei ist jedoch eine eindeutige u. sichere Texturerkennung eigentlich nur bei größeren Geländeobjekten/Flächen mit weitestgehend einheitlicher Struktur (z.B. Äcker, Schonungen) möglich, die zudem noch stark von Geländebeleuchtung u. Aufnahmemaßstab beeinflußt wird. Aber auch Kanäle mit GIS-Daten wie z.B. raumbezogene, klassifizierte Baumaltersangaben, welche bei Waldschadensinventuren (s. auch Kapitel 3.2.4) über die Auswertung von Spektraleigenschaften hinausgehend zu differenzierteren Untersuchungsergebnissen führen, werden hinzugezogen.

2) vgl. Birkner, H.-J., 1995

Schließlich ist im Rahmen einer sog. multitemporalen Klassifizierung auch noch die Berücksichtigung zeitlicher Veränderungen der Oberflächenreflexion bestimmter Objekte (z.B. jahreszeitlich bedingte Veränderungen des Vegetationszustands) möglich, wobei dann die Daten jedes Aufnahmezeitpunkts einen Kanal belegen u. die einzelnen Spektralkanäle wiederum aufeinander zu entzerren sind. 2)

Da die geschilderte ikonische Bildverarbeitung/-auswertung nicht die Qualität (v.a. Objektdifferenzierung) konventioneller Interpretationsmethoden (s. Kapitel 2) erreicht, besteht die oben bereits angedeutete Möglichkeit, über entsprechende Schnittstellen Daten existierender Geo-Informationssysteme in die digitale u. automatisierte Bildauswertung einfließen zu lassen. Durch eine derart integrierte Verarbeitung vorliegender digitaler Bilddaten u. Daten aus Geo-Informationssystemen ist v.a. aufgrund einer besseren Objektunterscheidung (z.B. Objektdifferenzierung nicht nach Spektraleigenschaften, sondern nach geometrischen Objektdaten aus GIS) auch eine entsprechend differenziertere Objektklassifikation u. somit eine digitale Interpretation auf qualitativ höherem Niveau möglich, wobei die ausgewerteten Daten dann in Form eines Ausgabebildes dokumentiert werden o. für eine Einspeisung in ein Informationssystem zur Verfügung stehen. 2)

Digital vorliegendes bzw. entsprechend digitalisiertes, vektorbasiertes räumliches Datenmaterial bildet die Grundlage für den Aufbau eines raumbezogenen Informationssystems (RIS), wobei bei Erfassung, Speicherung, Verarbeitung u. Dokumentation von Daten in Form einer digitalen Karte von einem Geo-Informationssystem (GIS) u. bei Daten mit der Funktion eines Plans von einem Landinformationssystem (LIS) gesprochen wird. Im allgemeinen (englischen) Sprachgebrauch wird jedoch i.d.R. durchweg der Begriff GIS verwendet. Ein RIS bildet keine nach außen abgeschlossene, zentrale Einheit aus Hardware- u. Softwarekomponenten, sondern ist vielmehr als ein Netzwerk untereinander über kompatible Schnittstellen verknüpfter Teilsysteme (GIS o. LIS) zu verstehen, welche - jedes für sich - als dezentrale u. voll funktionsfähige Einheit einer bestimmten Aufgabenstellung dienen u. sich teilweise in weitere ebenfalls selbständige Subsysteme aufgliedern (z.B. Automatisierte Liegenschaftskarte = ALK o. Amtliches Topographisch-Kartographisches Informationssystem = ATKIS), die dann an sehr spezifischen Anwendererfordernissen orientiert sind. Die Software eines jeden solchen Informationssystems besteht einmal aus Daten, die mittels eines Datenbankverwaltungssystems (Data Bank Management System = DBMS) zu einer Datenbank zusammengefaßt werden, wobei dieses Betriebssystem den Datenbestand strukturiert, ihn vor unberechtigtem Zugriff u. somit Manipulation schützt sowie über das Bereitstellen einer Benutzeroberfläche erst zugänglich macht (Datenrückgriff). Als weitere Softwarekomponenten kommen noch verschiedene Anwendermodule, d.h. Softwarewerkzeuge / -methoden (z.B.

2) vgl. Birkner, H.-J., 1995

verschiedene Algorithmen = Rechenverfahren) einer Methodenbank für eine anwenderorientierte Datenverarbeitung u. Dokumentation hinzu. 1)

Ein raumbezogenes Informationssystem (RIS) als aus allen o.g. Teil-/Subsystemen mit entsprechenden Softwarekomponenten sowie der Hardware (graphisch-interaktiver Arbeitsplatz mit Geräten) bestehendes, logisch aufgebautes Gesamtsystem sollte nicht nur einen reibungslosen Datenfluß von der Erfassung bis zur Dokumentation gewährleisten u. ein anwendergerechtes, i.d.R. nicht zu spezielles Problem-/Aufgabenfeld abdecken, sondern auch über ausreichende Systemschnittstellen einen Austausch von Daten u. Werkzeugen mit anderen Systemen ermöglichen sowie als für zukünftige Software- u. Hardwareentwicklungen offenes System konzipiert werden. Der Aufbau von Informationssystemen (RIS, GIS, LIS o. Subsysteme) mit diesen Systemmerkmalen ist jedoch nur dann gerechtfertigt, wenn ein ausreichend großer Nutzerkreis mit entsprechend intensiver Nutzung von Datenbank u. Anwendermodulen einen rationellen Einsatz solcher Systeme ermöglicht. Erst dann kommen nämlich einschlägige Systemstärken wie beispielsweise die Möglichkeiten einer fortlaufend schnellen Aktualisierung des digital abgespeicherten Datenbestands verbunden mit einer jederzeitigen u. selektiven Rückgriffsmöglichkeit auf benötigte Daten, einer quasi unbeschränkten Vielfalt von Möglichkeiten der digitalen Datenverarbeitung sowie einer anschließenden, nachfragegerecht variablen Dokumentation als Grundlage für planerische Entscheidungen u. Maßnahmen zum Tragen. 1)

4.1 Daten u. Instrumentarium raumbezogener Informationssysteme

Raumbezogene Datenbanken werden wie gesagt erst durch ihre Kombination mit Anwendermodulen, dem Software-Instrumentarium zu raumbezogenen Informationssystemen (RIS), wobei die enthaltenen Daten i.d.R. geometrische, topologische u. thematische Merkmale aufweisen. Während geometrische Dateneigenschaften geographische Bezüge, d.h. mit geographischer Exaktheit die tatsächliche Lage u. Ausdehnung von Objekten im Raum darstellen (z.B. GIS) o. teilweise auch abstrakte bzw. virtuelle Objekte beschreiben (z.B. Planungen in LIS), definieren topologische Dateneigenschaften die räumlichen Beziehungen zwischen einzelnen Objekten u. die thematischen Eigenschaften bringen die Zugehörigkeit eines jeden Objekts zu einem bestimmten Themen-/Aufgabenfeld (z.B. Flächennutzung, Grundstücksverhältnisse, Ökologie, Topographie) zum Ausdruck. Bei einer mit diesen Eigenschaften charakterisierten modellhaften Beschreibung des Raums durch Daten eines RIS werden auch die Unterschiede zum Datenmodell des Systems CAD (Computer Aided Design) deutlich, wenngleich der Übergang im Bereich zwischen CAD u. LIS fließend ist. Die in CAD enthaltenen Daten stellen entsprechend dem Einsatzzweck des Systems als

1) vgl. Bartelme, Norbert, 1989

EDV-gestütztem graphischem Planungs- u. Entwurfssystem überwiegend virtuelle Objekte mit ausschließlich graphischen Bezügen dar, wobei die Daten teilweise jedoch auch reale Raumobjekte beschreiben können (Schnittstelle zu geographischem Datenmodell des LIS). In CAD enthaltenes Datenmodell stellt also keine geographischen Bezüge her, ermöglicht aber technisch genaue Gebietsplanungen/Objektentwürfe allerdings ohne topologische Beziehungszusammenhänge. Die CAD-Daten sind in der Datenbank als geometrische Koordinaten in Verbindung mit graphischen Eigenschaften abgespeichert, wobei eine Datenverarbeitung nur in Form graphischer Überlagerungen möglich ist. Eine i.d.R. stark untergliederte RIS-Datenbank mit vielfältigen Weiterverarbeitungsmöglichkeiten erfaßt die raumbeschreibenden Daten dagegen wie gesagt in geographischer Koordinatenform mit ergänzenden Objektdaten. 1) 10)

Eine RIS-Datenbank wird also im Gegensatz zum CAD-System um ein sehr umfangreiches Instrumentarium effizienter Softwarewerkzeuge/-methoden (z.B. Algorithmen/Rechenverfahren) ergänzt, wobei sich die Funktion von Anwendermodulen auf die Bereiche Datenerfassung/Eingabe, Datenbearbeitung/Datenmodellierung (=Verarbeitung) sowie Datenausgabe /Dokumentation bezieht :

+ Das RIS-Softwareinstrumentarium ermöglicht die Erfassung/Eingabe digitalisierter u. digitaler tachymetrischer Daten (topographische Geländemeßdaten) sowie digitaler photogrammetrischer u. Scannerdaten, aber auch die Einspeisung von alphanumerischen Raumdaten (z.B. Attributdaten einzelner Geländeobjekte) o. von Datenmaterial anderer Infosysteme über entsprechende Schnittstellen (z.B. zur Aktualisierung/Fortführung des Datenbestands). 1)

+ Im Rahmen der Datenbearbeitung ermöglichen verschiedene Rechenverfahren dann eine rechnerische Bearbeitung des Datenmaterials in Form von Approximationen (z.B. Bildung von Näherungswerten), von Interpolationen (z.B. Einfügen/Bilden von Zwischenwerten), aber auch des konstruktiven Umgangs mit Raumdaten bzw. für Transformationszwecke (z.B. graphische Aufbereitung digitaler Daten). 1)

+ Während die Bearbeitung i.d.R. der Analyse bzw. Aufbereitung des Datenmaterials dient, hat Datenmodellierung i.d.R. eine Manipulation/Veränderung, Gestaltung bzw. Bewertung zum Ziel. So stellt das Softwareinstrumentarium eines RIS Methoden/Rechenverfahren für Generalisierungen (d.h. vereinfachende Zusammenfassungen von Objekten nach nur wenigen, allgemeinen Objektmerkmalen) u. für das Verschneiden bzw. Aggregieren (d.h. das selektive Zusammenfassen von Objekten nach bestimmten Merkmalen), aber auch für die Bildung dreidimensionaler Modelle (s. Kapitel 4.2) sowie (bewertende) Klassifikationen beispielsweise eingespeicherter

1) vgl. Bartelme, Norbert, 1989 10) vgl. Moll, Peter, 1995

digitalerDaten, bei denen eine entsprechende Auswertung nicht bereits mittels Bild-/Datenauswertegeräten vorgenommen wurde, bereit. 1)

+ Bei der Datenausgabe ermöglichen RIS-Anwendermodule eine integrierte graphische u. alphanumerische Dokumentation des verarbeiteten Datenmaterials z.B. beim Plotterausdruck von Karten, Plänen bzw. Schaubildern auf Papier o. in Form von Hardcopies sowie schließlich der Ausdruck von Tabellen, Verzeichnissen o. Listen z.B. auch in Fremdformten o. für Archivierungszwecke. 1)

4.2 Beispiele aus dem Umweltbereich, Ausblick

Beispiele für eine Anwendung von RIS bzw. deren Teil- bzw. Subsystemen im Umweltbereich gibt es zahlreiche, zumal aufgrund der stetig steigenden Umweltsensibilität die verschiedenen gesellschaftlichen Gruppen von den Akteuren der Umweltverwaltungen ein bereits frühzeitiges Erkennen schon kleinster nachteiliger Umweltveränderungen, d.h. jederzeit flächendeckend-aktuelle Umweltdaten erwarten. Die Entwicklungstendenz des Technikeinsatzes im Bereich des Umweltmonitoring geht dabei verstärkt in Richtung einer Digitalisierung/Automatisierung von Datenverarbeitungsprozessen u. zwar von der Erfassung der Umweltdaten mittels Fernerkundung bis hin zu ihrer Dokumentation durch ein Umweltinformationssystem (RIS, GIS etc.). 2)

+ Basisdaten über Grundstücksverhältnisse (z.B. Lage/Nummer von Parzellen/Flurstücken u. Gebäuden) liefert dabei die länderübergreifend konzipierte erwähnte Automatisierte Liegenschaftskarte (ALK/digitales Liegenschaftskataster), welche sich als GIS-Subsystem z.B. im Rahmen von Realnutzungsinventuren, die u.a. der Erstellung verschiedener Umweltkataster bzw. der Landschaftsplanung dienen, nutzen läßt. 1)

+ Topographische u. kartographische Grundlagendaten, d.h. geometrische u. thematische Informationen über die Beschaffenheit der Landschaft (z.B. Bodenbedeckung in Verbindung mit Geländerelief, Gewässer, Besiedlungen, Erschließungen, politisch-administrative Grenzen, Objektbezeichnungen etc.) bietet das Amtliche Topographisch-Kartographische Informationssystem (ATKIS) als Digitale Kartographische Modelle (DKM 25) für das gesamte Bundesgebiet im Maßstab 1 : 25000 an, wobei zudem die Möglichkeit besteht, interaktiv-graphisch am Bildschirm analoge Dichte- u. Geoidmodelle (DGM), also Digitale Landschaftsmodelle (DLM 25) von Geländeteilen im gleichen Maßstab zu modellieren. Bei einer digitalen Verknüpfung mit entsprechenden Umweltdaten aus Raumanalysen bzw. existierender UIS lassen sich beide ATKIS-

1) vgl. Bartelme, Norbert, 1989 2) vgl. Birkner, H.-J., 1995

Komponenten (mit Einschränkungen) für eine kombinierte Dokumentation eigentlich aller in Kapitel 3 erläuterter landschaftsökologischer Raumuntersuchungen u. somit für Landschaftsplanung u. -pflege nutzen. 1) 7)

+ Schließlich seien noch die oben bereits genannten Umweltinformationssysteme (UIS) im kommunalen u. regionalen Bereich genauso wie auf Landes-, Bundes- o. gesamteuropäischer Ebene mit ihren Online-Vernetzungen untereinander erwähnt (RIS, GIS o. LIS o. Subsysteme), wobei digitale Umweltkataster (z.B. Brachflächen-, Biotop- o. Baumkataster) das Ergebnis bzw. bei Vorhandensein auch ein Hilfsmittel der unter Kapitel 3 geschilderten Methoden zur Erfassung u. Auswertung raumbezogener Umweltdaten sind. 1)

Gelingt es, ein ausreichendes Angebot inwertsetzbarer, ggf. auch durch Verknüpfung verschiedener Datenebenen eines o. mehrer RIS o. durch Geo-Kodierung vorverarbeiteter Daten bereitzustellen, die entscheidenden Stellen auch der räumlichen Planung mit modernen Bild-/Datenauswertegeräten auszurüsten, die Mitarbeiter hinsichtlich der Interpretation verschiedener Arten von Luft- bzw. Satellitenbildern, also auch moderner Sensoren u. dem Umgang mit digitalen Bild-/Datenverarbeitungstechniken nachhaltig zu qualifizieren sowie die interdisziplinäre Kooperation zu verstärken, dann kann sich die Fernerkundung ähnlich wie die Kartographie noch stärker zu einem bedeutenden basiswissenschaftlichen Hilfsmittel der räumlichen Planung u. Umweltüberwachung entwickeln.

1) vgl. Bartelme, Norbert, 1989 7) vgl. Grünreich, Dietmar, 1992